Jost Hochuli, John Morgan

Systematic Book Design?

本书中文版由王燕茹据英文版翻译，张弥迪监修并设计。封面书名字体由方正字库字体设计师汤婷据方正书宋体改刻，内文使用方正新书宋体、方正仿宋体、方正悠黑体、Trinité No1 Roman 及 Allegra Bold，护封使用 153gm² 描图纸，封面使用 180gm² 书衣纸（鹅黄色），环衬使用 120gm² 再生原黑，内文使用 120gm² 蒙肯菲卡滑面（米白）。

[瑞士]约斯特·霍胡利
[英]约翰·摩根
著

系统的书籍设计?

王燕茹
译

张弥迪
监修

湖南美术出版社
·长沙·

目录

瑞士圣加仑修道院图书馆

在我看来……

约翰·摩根

我自觉经历的越多，就越不善于表达。或者更确切地说，我对于所做的事情的表达欲不再那么强烈。这并不是一种自负的反智立场。简单地说，我对设计书籍最感兴趣的恰恰是最难或最不可能描述的地方。

这个领域是一种缄默知识（tacit knowledge），主张“我们知道的比我们能说的要多”。这对从业者来说倒不是一个大问题——尽管有时候设计师可能需要说服一位持怀疑态度的相关人员，在这一点上，能够把感觉用语言表达出来的确有用——但对于一名教师或书籍设计理论家来说，这是“房间里的大象”①——避而不谈的事。任何仅仅是理论家，或者没什么实践经验的人可能会想：“什么大象？”获得缄默知识的关键就是经验。

如今有不少书籍设计指南以及“怎么做”(how to)②之类的书籍可供学生使用，但缺少一种赞美经验和情感的“书籍设计的诗学”——这需要一位勇敢甚至有些鲁莽的作者。你可以认真地阅读这些书籍设计手册，遵循关于设计方法的建议，选择适当的开本，设置易读的文本，但这些仍然难以捕捉到让一本书“有用”或感觉“合适”的特质。假如你觉得这些词不够清晰——“紧凑”“感觉”——这里还有一些:“氛围”“真实性”“存在感”“完整性”。你可能会问:“你到底想说什么呢?”我们需要非常小心的是，用精英主义的语言来包装事物是有危险的，特别是那些摇摆的转向现象学的“令人厌恶的好品位”(ghastly good taste)[1]的意味。这种语言也许埃里克·吉尔（Eric Gill）可以为我们提供依据:“如果你满怀善意，追求真理，艺术之美自会在设计中显现……”[2]但追求谁的真理和谁的美学呢？我只需看一眼就能知道。我从骨子里感觉到它，这对我来说就足够了。

约斯特·霍胡利的文章《系统的书籍设计?》，标题中包含着疑问，可以将它理解为《设计书籍：实践与理论》[3]的附记。在这部新作中，霍胡利更加明确地表达了早期文章里没有提及的信息——通过确认感觉和直觉在设计书籍过程中所发挥的重要作用，以及谈论关于决策过程中的混乱现实。这离他描述的所谓缄默知识更近了一些。

●

优秀的作品是一眼就能识别的。一个硬挺的白色信封，尺寸不大但制作精良且结构合理。信封里面是一本Typotron小册子。它比A4小，比A5大，虽然相对于标准尺寸来说要略显纤细。若有什么疑问，我就会看一眼寄件人的地址一栏：暖色系的印刷红色，由Univers字体排成一行。与其说是红色，不如说是橘红色，而我的名字和地址是由一位对字母颇有研究的人士手写而成，非常漂亮。我掏出这本带护封的单帖锁线小册子，黄金比例给人感觉是如此准确。掀开护封时，我看到的不是订书钉，而是一条穿过三个打孔的彩线。即使非系统性的选择，也属于相当严谨的材料组合遴选了。

在我19岁的时候，“瑞士字体排印”的回声还在荡漾(至少当时还很流行)，我看到了第一本Typotron小册子，由此圣加仑和霍胡利开始在我心中有了神话般的地位。我对圣加仑这个地方的印象非常清晰，这里有许多特立独行的匠人，是“好作品或许是美好生活的一小部分”[4]这类想法的文化角落。这些小册子无论是在内容还是制作上，都是了解另一种文化的入口。我拥有的该系列第一本小册子是为著名的木匠和家居设计师克里斯蒂安·洛依特尔德（Christian Leuthold）制作的，用棕色牛皮纸、脏兮兮的蓝色和红色纸三种颜色作为起始页。我想不出还有哪位书籍设计师的作品中，护封、封面、环衬相互之间的关系以及作用是如此呈现的。随后我又看了弗朗茨·蔡尔（Franz Zeier）的《正确与愉快——关于书作为使用客体的思考》[5]（以下简称《正确与愉快》），他是来自瑞士温特图尔的装帧师，其睿智又不乏俏皮的文字恰到好处地诠释了缄默知识，他的作品和草稿对我来说依旧是“瑞士最美的书”[6]。

这套出版物和霍胡利的其他大量作品对“瑞士字体排印”提出了另一种观点——这是一个直接但不精准的标签，由埃米尔·鲁德（Emil Ruder）、马克斯·比尔（Max Bill）和约瑟夫·米勒-布罗克曼（Josef Müller-Brockmann）等人代表，暗示了非对称排版、无衬线字体、清晰网格和客观的设计方法。在*Typotron*系列的第一本书中，霍胡利向读者展示了一位不太知名的瑞士字体排印师——鲁道夫·霍斯泰特勒（Rudolf Hostettler），他是圣加仑的《字体排印月刊》（*Typografische Monatsblätter*）杂志的主编。系统化、客观的“瑞士字体排印”的字面定义是霍胡利的基因的一部分，正如马克斯·卡弗利施（Max Caflisch）和后来的扬·奇肖尔德（Jan Tschichold）所代表的悠久传统一样。霍胡利的作品论证了这些伪极点（pseudo-poles）[③]是多么地人为。他曾经历过这些设计思想体系，毕竟唯有经历过才能真切体会。毫无疑问，单一的思想体系是不存在的，但他的作品显然有一套原则和良好的操作体系。严谨、自律，用谦逊及恰到好处的语言表达作为设计基础。没有一丝讽刺的意味、没有挤眉弄眼，也没有惊人的创意、没有“炫技的行为（display behavior）”[7]，没有霍胡利在他的文章《书籍设计作为一种思想流派》中所提到的任何夸张的形式姿态。相反，他的作品展示了一种抵制此类诱惑的自控能力，而且，我敢说，它像是一种道德构架，并与我们的时代格格不入。在阅读了霍胡利的文章之后，我能明显感觉到他有别于一般的书籍设计师，卓荦超伦。

我们所处的时代，通常是将书籍当做产品或艺术品推广的体系和常规程序。在观赏霍胡利的作品时，我觉得这两种分类都不合适。现在流行把平面设计和字体排印作为一种纯粹的自主行为来教授，与委托人或客户[一个“不正派（sleazy）”的词]的接洽通常让人感觉无力，某种程度上是一种不可靠的行为。这就导致许多有才华的设计师制作出版的内容无人问津，而这种实践模式只能通过教学来支持。但这也不能完全归咎于他们，当面对另一个糟糕的可能性——在出版机构内部工作时，编辑会误解设计师的职能，而且经常被营销部门所左右，他们的动机和对受众的理解都是需要多加思考的。所以，为什么不和朋友们一起工作和制作内容呢？

对书籍内容完全缺乏兴趣，意味着字体排印师在应对连续的文本时有更多的自由空间。现在的编辑、出版商和营销人员可能已经习惯这种糟糕操作，这成了一种常态。他们的参照物是什么？年轻一代的设计师可能觉得沮丧或没有方向，想要寻找坚实的东西来依附，那就可以从霍胡利的作品里寻找真知灼见、优秀范例以及职业操守。

对于幸运的人（我自己也属于这一类）来说，现在是做书的最佳时机。尽管通常情况下，就像生活中的许多领域一样，重视并有能力雇用设计师的书籍设计行业也许是最不需要关注的领域。特别是现在的书籍（指的就是印刷厂里正在印刷的那些）最不需要关注。这些书籍需要表现出十分强烈的存在感，以有别于他们的竞争对手（电子书），材料的选择被刻意强调到恋物的程度，给我们留下了过于丰富、过分强调设计感的书籍。这类书籍我通常会在书店花两分钟来翻阅。不是完全不喜欢，只是当我离开时感到些许不满，并为之前被引诱而觉得有些内疚惭愧。给我一些值得阅读的东西吧。

●

多年后，长大成人的我知道了神话和现实之间的区别，通过在苏黎世的工作我来到了圣加仑，很幸运地成为霍胡利的同事和朋友。我们走进圣加仑修道院图书馆宏伟的巴洛克式大厅，穿上灰色毛毡拖鞋，以保护镶嵌的木质地板（它额外的功能是让你放慢脚步，以便更专注地“观看”），并开始讨论这些手稿和古籍中有多少相同的版心与页边距比例，大约是2:3:4:6。这标准是从哪儿来的？难道是神的旨意？没有人知道。维拉尔·德·奥纳库尔（Villard de Honnecourt）或范·德·格拉芙（Van de Graaf）的法则总是不够真实。当我尝试这种结构时，我感到有一股冲动，想把版心从订口移出一点，页边距向留白处移（我们不要太畏惧版面暗处）；也许我需要删除一行文字，或者增加一行，如果我试图系统性地去做的话，结果就会再加上其他备选方案。一个看似基于先例的系统，其中的道理或最初的突发奇想会随着时间的推移而消失。遵循系统还有更糟糕的理由，也许，至少，这个系统是基于许多前人的思考，这就是集体的结论。按照他们以前的做法去做吗？此刻，霍胡利会受到康德的启示，鼓励我们“要有勇气运用你自己的理智”[8]！

仔细品味这些圣加仑出版的书册——“册”的广义是指体量，从一本书的体积或大小发展而来（拉丁语词源volumen，意为“被卷起的东西”，即书卷），这些其实不值一提，你就会真正理解一本书的主体意味着什么。敏锐的读者现在可能想把目光移开了，因为这些书是由血肉之躯制成。再靠近点看，你可以看到毛囊、静脉网、瘢痕组织、骨骼痕迹、脊梁骨和动物先天对称的印记。羊皮纸的颜色表面是其周遭毛发或羊毛的颜色。一页纸的尺寸基本上源自牛犊或绵羊的侧面和大小，这取决于你想提取多少对开页（bifolia），如果平均每张动物皮为两个对开页的话，那么400页的书差不多需要50头牛犊。当处理这些书时，在肉面和毛面之间来回翻阅切换时，你可以感觉到正面（recto）和背面（verso）之间的区别。亮面通常是肉的那一面。然后用鹅毛蘸取矿物质墨水做记号，或者更夸张的是用天鹅羽毛来写字。最终，书用兽皮装订完成。至于其他的附带结果，就是动物的剩余部分被尽情地食用。

相比之下，我们当代书籍材料的记叙显得苍白无力（页面上的叙述超出了我们的范围）。相较于今天典型的书籍，它被塑料覆盖，用薄膜材料保存。老天保佑，这本书可能会出现使用的痕迹。然而许多早期的书籍元素仍然能引起共鸣。如何兼顾感官和存在感？我依然希望并期待一种外在的回应，利用感官特征来衡量一本书。

●

在乌尔苏拉（Ursula，霍胡利的夫人）和霍胡利的家中用餐之后，我们移步到工作室中的图书馆，与霍斯泰特勒、卡弗利施、奇肖尔德、弗鲁提格（Frutiger）、科赫（Koch）和伦纳（Renner）为伴。时间有限，我请霍胡利给我介绍一本他欣赏的作品。他拿出一本由扬·范·克里姆彭（Jan van Krimpen）设计的书（由于它近在咫尺，所以在这个选择中不占真正的重要性）。具体细节我不记得，但可以说是一件非常优雅的对称字体排印作品，页面布局恰到好处，可能是依照他个人风格设计的，用了Romulus或Romanée字体。在欣赏它的时候，霍胡利说："当然，我们不能再这么设计了。"这话戳中了我内心深处。我知道他是对的，当然，这句话说的如此坚定，以至于我心中所有挥之不去的可能性都被扑灭了，也许他想确保我没有误解他的赞美对象，让我明白这不是一个可以忠实复刻的模板。他这么说并不是我们没有能力或必要的技能来做这件事；相反，这会是一种误入歧途的模仿行为，一种恶意的拙劣模仿，就像现在穿着法兰绒套装和软毡帽走在街上一样不合时宜。你肯定会得到关注，但是没有意义。

来之不易的历史感会让你更敏锐地意识到自己的当代性。然而，在旧衣柜里寻找合适的衣服挺愚蠢的。引用我自己的话："又一部古装剧？还是不要了吧，谢谢。不要牙套，不要帽子，不要模仿，不要嘲弄，不要讽刺。为什么这些虚情的复古和假意的怀旧会成为'英国（文化）遗产'④？我是否应该再次打开旧衣柜——试试Caslon字体（1860年一度再次流行）或Bulmer字体是否合适？那么暂时的'复兴'呢？就像我们在戏剧中看到的那样——狄更斯（Dickens）穿着现代服装或是意大利演员阿尔·帕西诺（Pacino）穿着璞琪（Emilio Pucci）？现代人应该穿什么衣服？没有什么是真正适合或感觉舒适的，我接受这个观点。所以通过'正确与愉快'，我选择了布拉姆·迪·德斯（Bram de Does）的Trinité字体⑤，字号的设置或许比读者习惯的大一点，但他们又习惯了什么呢？词距均等，正如它们应该的那样，没有被束缚在僵硬的乔治式的床上[9]——它的规范是左对齐和连字，在限制范围内自主决定，文本右侧的锯齿边也处理得恰到好处。虽然你在这里只看到一个单页，但我的目的是为读者设计，经过所有这些‘美好的期许’(great expectations)，最终的设计痕迹并不明显。”

这是我选择Trinité字体的缘由，也是我为狄更斯作品《远大前程》(*Great Expectations*)⑥的假想背景设计的页面排版理由。在书籍设计中，选择字体的理由也许是最为不系统的，而霍胡利对我选择字体的影响是显而易见的。在其他许多方面，我对布拉姆·迪·德斯设计的字体Trinité和Lexicon的偏爱要归功于他。在我看来，它们没有故作姿态或嘲讽的意味，其外观描绘绝佳，从内散发出的美感符合时代的特征。能与其相媲美的并不多见，弗雷德·斯迈耶斯（Fred Smeijers）设计的Arnhem算是一个。至于Baskerville，Bembo或Futura，这些字体曾是霍胡利的旧爱。我很少使用，只有在强调或情感表达时才选择它们。随着时间的推移，这些字体已经建立了一种矛盾的性质，这是种自我认知的嘲讽和拙劣的模仿。毫无疑问，我的感觉会随着时间的推移而变化，但对于需要长期进行的书籍设计来说，做出一个你觉得可以接受的决定是值得的。

霍胡利谈及他对一个项目的感觉，卡弗利施谈到“构思它”(conceiving it)。他们系统性的决策是围绕着这个“构思的书”进行的。脑海中勾勒的书是最初的雏形，接着系统地跟进，然后进行调整。

“在我看来……我觉得……大部分的时候，也并非如此。”

原注

1 该表述出自英国桂冠诗人贝杰曼（John Betjeman）的作品《令人厌恶的好品位》（*Ghastly Good Taste: Or, a Depressing Story of the Rise and Fall of English Architecture*），伦敦，Chapman & Hall出版社，1933。——编者

2 埃里克·吉尔：《字体排印论文》（*An Essay on Typography*），波士顿，出版人David R. Godline，1931，第88页。

3 约斯特·霍胡利、罗宾·金罗斯：《设计书籍：实践与理论》（*Designing Books: Practice and Theory*），查尔斯·怀特豪斯、罗宾·金罗斯译，伦敦，Hyphen出版社，1996。

4 埃里克·吉尔：《自传》（*Autobiography*），伦敦，乔纳森·凯普出版社，1940，第282页。

5 弗朗茨·蔡尔：《正确与愉快——关于书作为使用客体的思考》（*Richtigkeit und Heiterkeit : Gedanken zum Buch als Gebrauchsgegenstand*），安德鲁·布鲁姆译，圣加仑，VGS联合出版社，*Typotron*系列第8册，1990年。

6 瑞士联邦文化局（FOC）每年都会举办“瑞士最美的书”评选活动，该奖项被授予前一年出版的一些最有成就的书籍。——编者

7 约斯特·霍胡利：《书籍设计作为一种思想流派》（“Book design as a school of thought”），载约斯特·霍胡利、罗宾·金罗斯：《设计书籍：实践与理论》，1996，第28页。

8 伊曼努尔·康德：《对“什么是启蒙”的回答》，H.B.Nisbet译，纽约，企鹅出版社，2009，第5页。（此处译文引用康德：《历史理性批判文集》，何兆武译，北京，商务印书馆，1990，第23页。——译者）

9 这个床的隐喻来自埃里克·吉尔，他将文本对齐排版与普洛克路斯忒斯（Procrustes）的神话相提并论。普洛克路斯忒斯曾抓捕旅行者并迫使他们躺在一张床上并通过拽拉身体或截腿使其适合床的长度。削足适履，截趾穿鞋。有关这个主题可参阅埃里克·吉尔的《字体排印论文》中的“普洛克路斯忒斯之床（The Procrustean Bed）”，第88页。在这里，床指的是乔治王朝时期的床，指的是狄更斯小说中故事发生的时期。——编者

译注

① “房间里的大象”通常用来形容一个已存在的却被人刻意回避及无视的事实。

② 指设计成功学类书籍。

③ 指对称与非对称字体排印两种极端教条主义。

④ 此处原文“private press charades in heritage Britain”指的是英国文化背景下的虚伪行为。可能包括一些出版社通过模仿或引用过去的元素来制造一种假象或外观，但实际上缺乏真正的内涵或创造性。这些行为可能会误导人们认为它们代表了真正的英国文化遗产，但实际上却只是表面的模仿或陈旧的复制。

⑤ Trinité即本书英文版内文字体，也是本书的英文字体。“正确与愉快”呼应前文的《正确与愉快》（*Richtigkeit und Heiterkeit*）一书。

⑥ 此处指约翰 · 摩根参与设计的“Page 1: Great Expectations”，它是由70位设计师为狄更斯的小说《远大前程》设计的其中一个版面。前文“great expectations”一词，即是呼应此书名，作为书名一般译作《远大前程》，根据文意，此处译作“美好的期许”。

约斯特·霍胡利在巴黎东京宫做《系统的书籍设计？》演讲，2010年

系统的书籍设计?

约斯特·霍胡利

我认知里的“系统学”，最简明的定义是1993年在《瑞士百科全书》中发现的——“有计划的整体呈现或设计”。根据德国《布罗克豪斯百科全书》，“系统性的”作为一个形容词的意思是“根据一个系统，有方法、有计划地，对应于一个系统”。因此，“系统的书籍设计”是指遵循在书籍工作开始之前预想好的计划进行的书籍设计工作。

当我被要求就“系统的书籍设计”这一主题发言时，我坚持要在这句话的末尾加上一个问号，理由很充分：在我们感兴趣的领域，如同其他诸多领域一样，生活并不总是在模仿艺术。我想到的不仅仅是提供委托的客户阻挠了计划，我还想到人的不足之处，想到技术的局限性，以及项目参与者所使用的材料还有偷工减料等结果。

此外，如果我们理解系统性的方法学是一个考虑周全和理性的方法的话，我们必须允许更多的质疑。因为直觉——潜意识，对事物的一种感觉——在设计一本书的过程中扮演着重要的，有时甚至是决定性的角色。

话虽如此，我确实已经涵盖了主要观点，至少清楚地概述了它们，让你得出自己的结论：在书籍设计中，计划是一回事，将其付诸实践是另一回事。让我们坦诚地说：与其说是独到的见解，不如说是一个极其显著的短暂感受。

现在我不应该说向专业设计师教授系统的书籍设计在理论上的意义以及在实践中存在的缺陷是没有必要的。那就干脆停止交流？介于这个原因，仔细考虑策划一本书所涉及的各个阶段可能会发现一些我们（包括我自己）迄今为止很少关注的问题。

那么在设计一本书时，我必须按照书籍设计手册的规定，首先确定格式（开本）；然后转向整体布局（宏观字体排印）；再到排版细节（微观字体排印）；选择材料、制版、印刷；最后，装订。

除另有说明外，本书收录作品均由自约斯特·霍胡利设计。

1. 约斯特·霍胡利的一本草稿本封面和内页，用铅笔绘制的秋叶，10 cm × 15.2 cm。

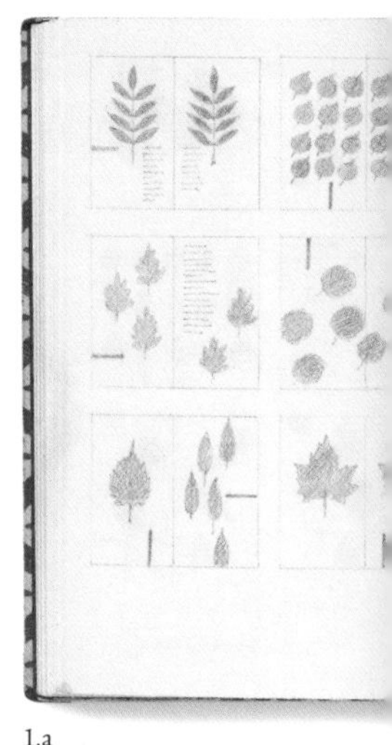

1.a

为了清楚起见，我将各个阶段分开。然而现实中，在思考一本书的设计概念时，很多事情从一开始就在同步进行。我在同步思考这本书应该传达的整体氛围、大致的格式、材料的运用、装订的形式、颜色的使用、字体排印风格，以及想使用的字体，还有如何处理插图。当我把最初的想法写在草稿本或素描本上时，一切看上去是那么的不明确、模糊，没有章法（图1）。但整个过程对以个人方式进入项目是有帮助的，如马克斯·卡弗利施所说，“mit ihm schwanger zu gehen”——去“构思它”，或多或少按照字面意思。正如你所见，我最初的一些想法在书中得以保留（图2）。

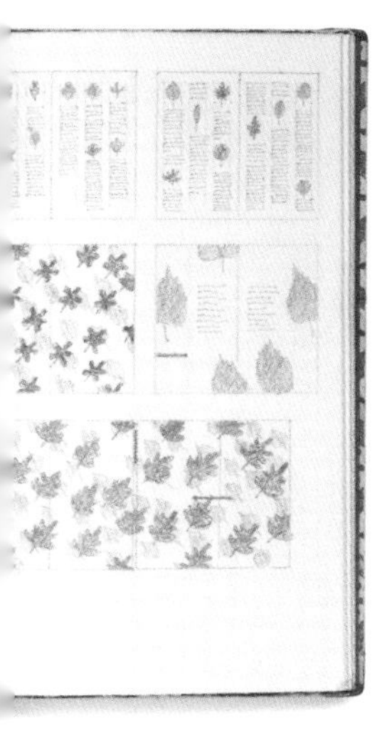

2. 鲁道夫·维德默（Rudolf Widmer）、迈克尔·拉斯特（Michael Rast），《秋叶》（*Herbstlaub*），圣加仑，VGS联合出版社，瑞士东部系列第4册，2003年，14.8 cm×23.5 cm，封面及内页。

Schwarz-Pappel *Populus nigra*

Der stattliche Baum wächst auf feuchten, zeitweise sogar überschwemmten, tiefgründigen Böden; bei uns meist entlang von Bächen oder an Seeufern. Er war Pionier in Auwäldern. Als Straßenbaum ist er ungeeignet: seine Äste sind allzu sturmanfällig. Im Gegensatz zu den rundlichen Espenblättern sind die Blätter der Schwarz-Pappel dreieckig und zugespitzt. Im St. Galler Rheintal fallen in der blattlosen Zeit die vielen Misteln am Baum auf. Die Schwarzpappel soll mit rund 25 Millionen Samen den höchsten Wert der heimischen Flora erreichen. Einzelnen seiner Samen gelingen Flugweiten von über 15 km.

‹Pappelsalbe› aus klebrigen Knospen wird als Wundsalbe verwendet und mildert Gelenkschmerzen.

Die Pyramiden-Pappel mit ihren fast senkrecht stehenden Ästen ist eine Unterart oder eine Varietät der Schwarz-Pappel (*Populus nigra*) und wird als Subspezies *italica* oder *pyramidalis* bezeichnet. Es wurden fast ausschließlich männliche Exemplare angepflanzt, und zwar rein vegetativ durch gesteckte Zweige. Über die Herkunft dieses Baumes wird gerätselt und gestritten. Man weiß aber, dass Napoleon I. Pyramiden-Pappeln entlang seiner Heerstraßen pflanzen ließ.

Edel-Kastanie *Castanea sativa*

Der ‹Marronibaum› stammt aus Südwest-Asien. Sein Name *Castanea* erinnert an den Ort Kastana in Thessalien, wo der Baum offenbar verbreitet war. Die Römer brachten den Baum nach Norden bis ins Tessin, wo er geschlossene Wälder bildet, und vereinzelt über die Alpen hinaus.

Kastanien waren ein wichtiges Grundnahrungsmittel. Bei uns gedeiht er selten gut: das Klima ist zu rau und die Kalkböden ungeeignet. Dennoch finden sich da und dort einzelne Exemplare, so ein kräftiges am Waltramweg nahe Peter und Paul in St. Gallen und ein kümmerliches auf fast 900 m ü. M. beim Friedhof Trogen.

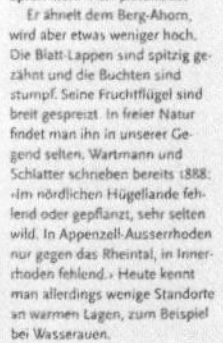

Spitz-Ahorn *Acer platanoides*

Er ähnelt dem Berg-Ahorn, wird aber etwas weniger hoch. Die Blatt-Lappen sind spitzig gezähnt und die Buchten sind stumpf. Seine Fruchtflügel sind breit gespreizt. In freier Natur findet man ihn in unserer Gegend selten. Wartmann und Schlatter schrieben bereits 1888: ‹Im nördlichen Hügellande fehlend oder gepflanzt, sehr selten wild. In Appenzell-Ausserrhoden nur gegen das Rheintal, in Innerrhoden fehlend.› Heute kennt man allerdings wenige Standorte an warmen Lagen, zum Beispiel bei Wasserauen.

In der Schweiz wachsen Spitz-Ahorne an warmen Lagen nördlich und südlich der Alpen als wichtige Begleiter von Laubmischwäldern. Sie bilden keine reinen Bestände. Wegen seiner Anspruchslosigkeit schätzt man diesen Ahorn als Alleebaum und wegen seiner prächtigen Herbstfarben in Gärten. In Parkanlagen begegnen uns häufig fremde Ahornarten, etwa der aus Nordamerika stammende Eschen-Ahorn.

Die wissenschaftlichen Artnamen von Spitz- und Berg-Ahorn (*platanoides* und *pseudoplatanus*) erinnern an Ähnlichkeiten zur Platane.

Süß-Kirsche *Prunus avium*

Die Süß-, Ess-, Vogel- oder auch Wald-Kirsche ist die Wildform unserer ‹Edel-Kirschen›, die schon zur Römerzeit bekannt waren. Bevor die Laubbäume im Frühjahr ihre Blätter austreiben, leuchten die Kirschbäume mit ihren weißen Blüten unübersehbar aus Wäldern, in Waldrändern und Gebüschen. Später im Jahr sind sie im Buchenwald viel versteckter. Die Unterscheidung von wilden Süß-Kirschen und verwilderten Edel-Kirschen ist oft schwierig. Das harte Holz der Kirschbäume ist von der Möbelindustrie gesucht.

Zur Gattung Prunus zählen aus der heimischen Flora auch der Schwarzdorn, die Weichsel und die Traubenkirsche, und von bekannten Fruchtbäumen Aprikose, Pfirsich, Mandel, Pflaume und Zwetschge. Die Blätter all dieser Arten sind ungeteilt und gestielt, ihre Ränder gesägt oder gekerbt, und sie sind wechselständig angeordnet. Die Blüten unserer einheimischen Arten zeigen stets fünf kleine Kelch- und fünf große weiße Kronblätter sowie sehr viele gelbe Staubblätter. Die Blütenstände sind doldige Büschel oder Trauben; einzig der Schwarzdorn trägt nur Einzelblüten.

Trauben-Eiche *Quercus petraea*

Von den 27 in Europa vorkommenden Eichen haben in der Ostschweiz nur zwei forstliche Bedeutung: Die Trauben- und die Stiel-Eiche. Vier ältere Namen müssen wir richtig zuordnen: Die Trauben-Eiche wurde auch Stein- oder Winter-Eiche genannt, während die Stiel-Eiche Edel- oder Sommer-Eiche hieß.

Die Trauben-Eiche hat ihren Namen von den traubig gehäuften Früchten. Diese sitzen fast ungestielt zu 2–6 beisammen. Ihre Blätter sind dagegen 1–2 cm lang gestielt.

Vor der alemannischen Landnahme war das Gebiet um den Bodensee von weiten Laubwäldern aus Eichen und Buchen bedeckt. Heute sind Eichen hier selten geworden. Letzte Gruppen sollen im 19. Jahrhundert für Bahnschwellen gefällt worden sein, berichten Wartmann und Schlatter in ihrer *Flora*. Einzelbäumen beider Arten begegnet man bei uns bis gegen 1200 m hinauf, besonders an Gratlagen auf Nagelfluh und in abgelegenen Bachtobeln.

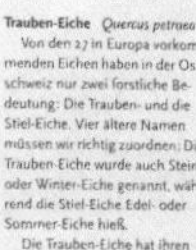

Stiel-Eiche *Quercus robur*

(auf innerem Umschlag und auf Seite 6/7)

Die lang gestielten Früchte, die von kleinen Buben als ‹Backpfeifen› in den Mund gesteckt werden, gehören der Stiel-Eiche. Die Blattstiele erreichen dagegen kaum 7 mm und die Spreite zeigt am Grunde zwei Öhrchen. Die Stiel-Eiche gedeiht auf feuchteren Böden als die Trauben-Eiche.

Beide Eichen-Arten tragen häufig ‹Galläpfel›. Es sind Gewebewucherungen, die nach dem Einstich von Gallwespen in das Blatt entstehen und den Wespenlarven als Kinderstube dienen.

Eicheln liefern nach der Entfernung der Bitterstoffe den ‹Eichelkaffee›. Eichenrinde wird bis heute als *Quercus cortex* phytotherapeutisch genutzt. Sie wirkt mit ihren Gerbstoffen kräftig adstringierend – das heißt zusammenziehend – und begünstigt damit die Wundheilung. Eichenrindenbäder verwendet man bei chronischen Hautkrankheiten und Geschwüren.

Etwas zu den Bäumen und Sträuchern 45

2.a

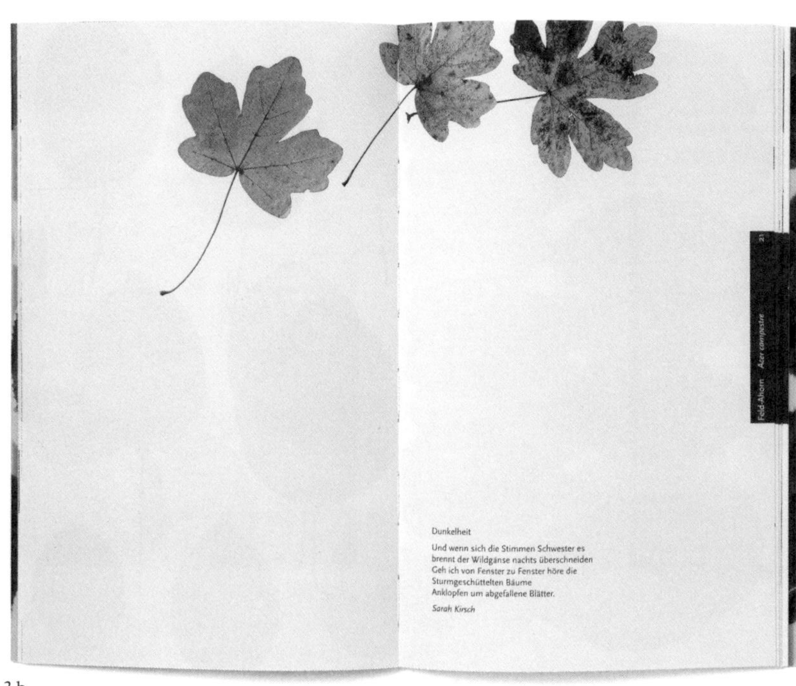

Feld-Ahorn *Acer campestre* 21
Dunkelheit
Und wenn sich die Stimmen Schwester es
brennt der Wildgänse nachts überschneiden
Geh ich von Fenster zu Fenster höre die
Sturmgeschüttelten Bäume
Anklopfen um abgefallene Blätter.
Sarah Kirsch

2.b

可以说，这是开始系统工作之前的阶段。它形象地告诉我以后要系统性地注意些什么，例如：是否需要在正文旁规划肩注；它是否值得定义一个网格，如果是，会是怎样的网格；标题需要预留多少空间。对我来说，这种不受约束地在问题中徘徊并寻找解决方案的方法是新书籍设计理念的一部分——我甚至可以说，这是规划书籍整体系统性方法的一部分。它是令人愉快的，因为它仍然没有受任何形式的限制或干扰，而且我仍然可以按照自己的意愿做一本理想的书。

但终有一天会到截稿期，所以必须做出决定，比如格式之类的问题。如果这本书想做成一个系列，那格式就需要被确定下来，不管它是否适合该特定情况。丛书的要求是优先的，即使系统性的思考可能有不同的尺寸和比例。这也是标题中出现问号的另一个原因。

如果可以自由地掌控格式，便需要考虑诸如纸张尺寸、纸张纹理方向和印刷机尺寸等事项，不过在这些参数范围内有许多可能性。可是如果不确定版式应该是什么样子，格式就无法确定。想要确定版式，就必须决定字体、字体大小和行间距。因为我需要知道着手的工作，每行的字符数是否合适，还需要看看是否能够为插图找到一个令人满意的网格，以及这个网格的基本网格是否匹配主版心和订口。很多事情需要在电脑屏幕上或旁边决定。接下来，我需要决定用哪种纸，还有它的克重，考虑纸张的不透明度，并尽可能准确地计算出书的厚度。接着必须决定装订类型和装订材料，以及它们对订口可能产生的影响。在这里，老手们受益于他们的经验，但看看其他相似类型的出版物也会有所帮助。

确定好格式和选择的材料以及计划好的装帧风格，我便会从装订工那里订购样书。如果时间允许，我先把工作放一边，等样书来。这是在告诉自己一些关于选择材料的“感觉”（样书把不同材料组合在一起时，会产生不同的效果，而在不同的花纹手册中单独呈现则难以被感知）。它也展示了在装订书籍时纸张的硬度和柔韧性。样书打开的方式并不总是与成品相对应，由于样书是手工制作的，通常用的是不同的胶水：给装订工打个电话，我就知道会有什么不同，如果有的话。关于样书的另一件事是，它还起到了推广书籍的作用：这样一来客户或赞助商手中有一些具体的东西，让他对书的样子有一个概念。样书总是很吸引人，有时在它们完好无损的时候，甚至比成品书还漂亮……

之后我就可以开始细致的字体排印工作了。

但让我们暂停一下，澄清几点。

被出版商雇用的印刷工大部分不会像我概述的那样工作。截稿期和成本考虑的压力不利于系统性的处理。如果想到他们的日常工作及其产生的结果，他们会在标题后面打上一个比我还要大的问号。作为专业人士，他们也很清楚自己负责的书籍应该是什么样的，这让人懊恼。

然而，我现在不是要讲那些系统性书籍设计失败的案例。

我所关心的是理想状态，庆幸这种情况偶尔会出现，即使是——正如我不止一次提到的那样——

在这种情况下，问号也是合适的。

让我重拾话题。样书到了，我再次检查页边距，特别是订口。现在，我想举五个例子——两本纯文本书籍和三本带插图的非小说类书籍——更详细地看看我是如何计划的，并且会有很多疑问。

首先，我在1993年为法兰克福古登堡图书协会（Büchergilde Gutenberg）设计了一本薄薄的书——彼得·黑尔特林（Peter Härtling）的《尼姆布什或困局：一个套间》（*Niembsch oder Der Stillstand: Eine Suite*）（图3）。这是一部文笔优美的情色小说，讲述了尼古拉斯·尼姆布什·冯·施特雷瑙（Nikolaus Niembsch von Strehlenau）的故事，以其笔名尼古拉斯·莱瑙（Nikolaus Lenau）而闻名。书芯的比例很窄，为11.7 cm×21 cm（即5:9的比例）。在我看来比较适合抒情的内容，字体也是如此，布鲁斯·罗杰斯（Bruce Rogers）的Monotype Centaur字体，字号10.5点，行间距13点，版心尺寸为90毫米，意味着平均每行有63个字符。成品是一个浅色但不显苍白的版面（图3.c）。

唯一令人不快的是，文字没有采用很容易获得的合字来设置。（这本小书是我少数没有完全掌控的作品之一，而且是依靠外包制作的。）该书的版面设计并不完全是传统风格：对页为对称的版心，但切口和天头在视觉上是等大的。这一点以及页码放置在上切口并与第一行文字对齐，与卡弗利施或奇肖尔德的经典字体排印设计有所区别。除了最后一页的版权页外，所有内容都采用相同大小的字体——

标题页（图3.a）、目录页（作者异想天开地省去了页码）、第6页的格言以及各章的标题（图3.b）。

这就是我的计划。这是我想要的，别无他求。我无法理性地解释这一切：这是一个直觉问题——“在我看来”“我觉得”。环衬、内封、护封的材料也是如此。它们在我们看来（又是“我们”），是合适的：护封和环衬使用了低调且微妙的灰绿色纸张，内封则使用了稍微深一点的绿色。扉页文字的版式在内封上有所体现，并在护封上采用了双色印刷。你会问，为什么封面上使用了这种大小的字体，而没有使用其他字体？大一点的字体在我看来有点太大，而小一点的字体又觉得太小。这就是唯一的原因：凭感觉。

Peter Härtling
Niembsch
oder
Der Stillstand
Eine Suite
Büchergilde
Gutenberg

3. 彼得·黑尔特林（Peter Härtling），《尼姆布什或困局：一个套间》（*Niembsch oder Der Stillstand: Eine Suite*），法兰克福，古登堡图书协会，1993年，11.7 cm×21 cm，封面及跨页展示。

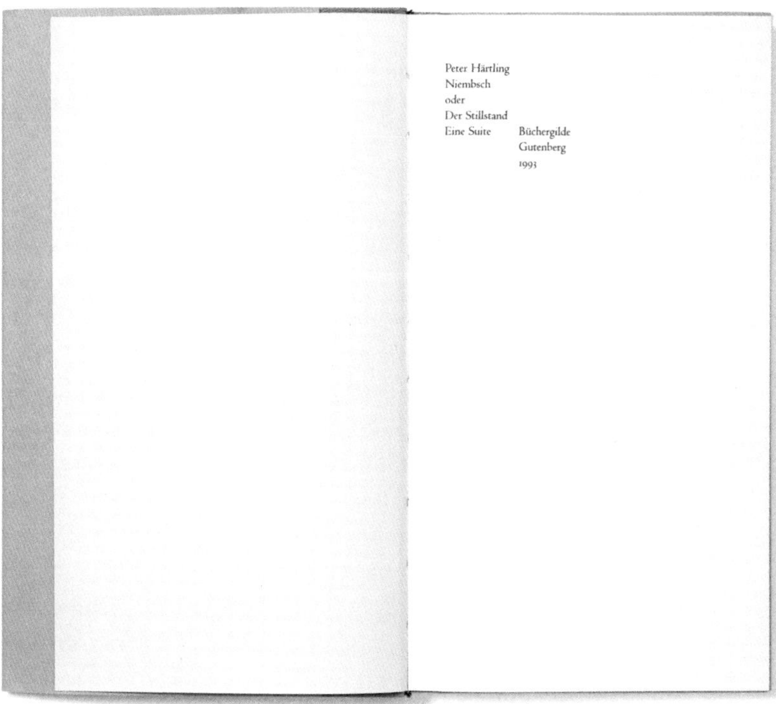
Peter Härtling
Niembsch
oder
Der Stillstand
Eine Suite
Büchergilde
Gutenberg
1993

3.a

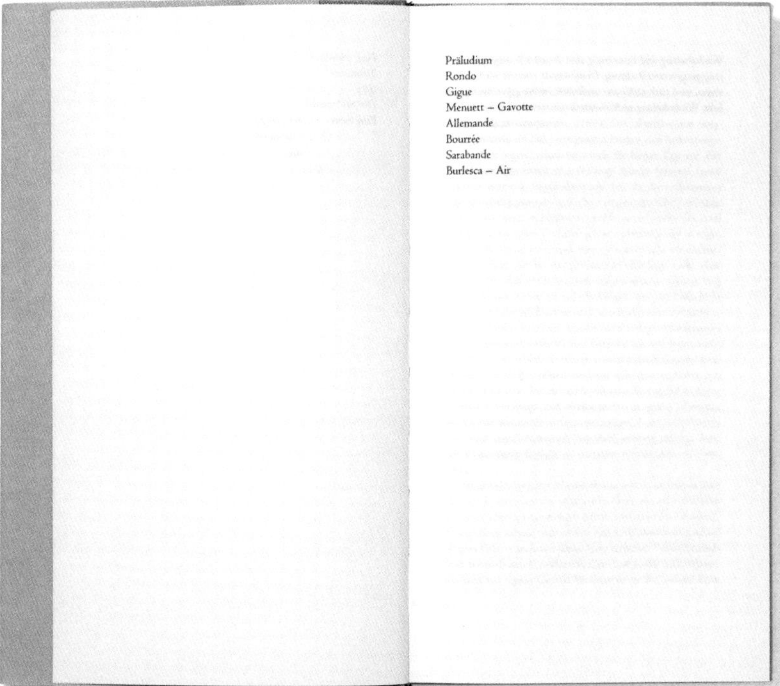
Präludium
Rondo
Gigue
Menuett – Gavotte
Allemande
Bourrée
Sarabande
Burlesca – Air

3.b

die Mythen. Don Juan fehlt das Beiwerk, fehlen die Wurzeln, die Rückbezüge, er wird sich, auch später, in entsetzliche Aktionen verstrickt, nicht zurückwenden. Die schamlose Geste der Verwurzelung, der Bindung, überläßt er seinem Diener: der notiert, was der Herr vergaß. Giovanni wird, wie erstaunlich, nie vergleichen. Es täuschen sich jene, die von ihm meinen, er sei unterwegs. In diesem Falle war Mozart klüger: er wählte dieselbe Musik für Anfang und Ende, keinen Ausschnitt breitete er auf der Bühne aus, keine Lebensschnipsel bot er dar, sondern das exemplarische Ganze. Enthält die Möglichkeit Giovanni mehr? Lange schon hat er alles abgestreift, sollte er von irgendwoher gesprungen sein auf das Tableau seines Spiels; nun treibt er um, bewegt die Herzen, girrt, lockt und verdirbt. Ist das wahr? Täuscht er nicht vor? Hält er nicht still? Was meinen Sie, Anselm? Sie sagen nichts. Sind Sie bestürzt? Ich war es nicht, als ich's entdeckte; nicht daß es mich glücklich gestimmt hätte, denn welche Zumutung geht von solchem Stillstand aus – nur meine Fluchten, diese geschriebenen und ungeschriebenen Auswege, diese stilisierten Exercisen, denen ich häufig mißtraute und die andere überwältigten, nur diese Ahnung war es, die sich an der Gestalt Giovannis rieb und beunruhigt war; erst spürte sich das wie kalter häßlicher Marmor an, eine gefrorene Seele, von deren einstigen Funkenflügen die dunkle Äderung sprach, ein Überrest Existenz; doch in Ohio: ich hatte mich für drei Tage in der Bretterbudenstadt aufgehalten, um Aussaat für den Herbst zu kaufen (wahnwitziges Unterfangen, dieser Erde und meiner selbst Herr zu werden), traf ich Helen, Tochter eines Lehrers, eine dumme, vollbusige Blondine, die herrlich lachte und mich dunkel und geheimnisvoll fand – sie wußte nicht, was Ungarn ist, lieber Anselm, und vermutlich wußte es auch ihr gelehrter Herr Papa nicht –, ein explosives Wesen, Leidenschaft gibt's, ohne Hintergrund, sie lechzt nicht nach dem Echo. Man kann sie abstreifen. Ich war mutlos, und ich fiel Helen, meiner Distance sicher, anheim. Wir trafen uns, an den beiden Abenden in Ohio, in einem Geräteschuppen; offenbar benutzte sie die unwirtliche Hütte öfters, es waren Wolldecken vorbereitet, indianische Webereien, die, aufeinandergeschichtet, ein recht bequemes Lager bildeten. Sie hatte keine Scheu, und ich war froh, die anstrengenden Vorspiele auslassen zu dürfen: mein Englisch war dürftig, zu Nuancierungen nicht geeignet. Ihre Haut roch nach Küchengewürzen, sie war flink, beweglich, und sie lachte wirklich hübsch. Sie brachte mich, ohne es zu wissen (und hätte sie es erfahren, wäre sie stracks davon und einem andern zugelaufen), Don Juan näher: in Helens Armen äffte ich die Realität Giovannis nach; sein Dasein nicht, dazu bedarf es phantastischer Übung, und die hätte mich längst verzehrt. Ich merkte, daß die Übergänge von der einen zur andern keine sind: plötzlich verlöschen die Gesichter; die Gesten werden einander gleich, die Lockungen, die Liebkosungen, die Wörter und die Wortlosigkeiten. Zerline und Zerline und Zerline. Man wird, ich bin sicher – und sei's ein Däne –, einmal die Philosophie der Wiederholung predigen. Daß die Erinnerung in der Gleichheit aufhört, daß sie zusammenschmilzt und dann, in ständiger Übung, nicht mehr nötig ist, welch melancholisierende Erkenntnis; und so wird auch das Bewußtsein der Zeit fortfallen: weiß ich's, welcher Dämon den Wiener Sänger ritt, daß er darstellte, was Giovanni erfahren und verwirklicht hatte: den Stillstand oder, idealischer ausgedrückt: die vollkommene Dauer. Ich ziehe für mich den Begriff Stillstand vor, ihm nachzustreben ist es wert. An irgendeinem Punkt seiner phantastischen Bahn hat Don Juan sich selber eingeholt, da wurde er sich seiner inne – mag sein ein Narziß. Von nun an waren die Konstellationen vorgegeben, unverwechselbar, von ungerührtem Gleichmaß. Die Zeit rann an ihm ab. Es entstand, meine ich, der exemplarisch inhumane Mensch. Wir reden zuviel von Seele, die Seele wird des Menschen überdrüssig werden, ich sehe es kommen; worauf dann bauen, worin dann existieren? Den Stillstand einsehen oder zumindest seine Auswirkungen. – Sie entsetzen sich, Freund

接下来讲的这本小书是一本诗集，无论是在比例上还是在色彩的使用上，都不像前一本那样刻意地表现优雅。它的尺寸是12.3 cm×20.5 cm，所以比例是2:3(图4)。该书于2006年春季出版。除了前言以及传记和书目信息外，它主要由标准德语和圣加仑方言的诗歌组成。这些都是当代诗歌，反映了当前的政治和社会事件。方言诗有一种讽刺的意味，所以我想避免任何对经典对称字体排印的影射。

版心相对于订口的位置是不对称的。前言的文本，右边设置成锯齿状（左对齐），并通过视觉校正，平均每行60个字符 (图4.a)。正文是字号9点、行间距13点的Lexicon No.2 罗马正体A，由布拉姆·迪·德

Vorwort 9

Richard Butz

Die Idee, zu Fred Kurers 70. Geburtstag einen Band mit Lyrik herauszubringen, reifte während unserer dritten und bisher letzten Australienreise. Dort, unter dem uns unglaublich nahe erscheinenden Sternenhimmel, haben wir fast jede Nacht am Feuer gesessen, schweigend und redend. Dabei ist das Gespräch immer wieder auf das Schreiben gekommen. Schreiben wollen, schreiben müssen, veröffentlichen ja oder nein. Obwohl nicht immer gleicher Meinung, in einem waren wir uns einig: Literatur und Lesen gehören zu unser beider Leben wie ein guter Wein zum Essen oder – in der australischen Wüste – ein Schluck Whisky vor dem Zähneputzen. Kurer, so habe ich ihn verstanden, will eigentlich gar nicht publizieren, er muss dazu gedrängt werden. Nicht, weil er sich ziert oder aufspielen will, vielmehr aus Misstrauen gegenüber sich selbst und dem oberflächlichen Literaturbetrieb.

Aber er schreibt: Hörspiele, Prosa, Texte für den Tag, für Cabaret und Figurentheater. Er liest viel, beklopft Worte und dichtet – in Schriftsprache und in Mundart. Vieles ist zusammengekommen. Fred Kurers junge und junggebliebene Lyrik soll nicht in einer Schublade lagern. Darum schenken ihm die drei Herausgeber diesen Band zum runden Geburtstag.

Ich danke den Mitherausgebern, Christian Mägerle und Rainer Stöckli, dass sie die Idee aufgenommen und bei der Auswahl – sie ist in enger Zusammenarbeit mit dem Autor entstanden – mitgewirkt haben. Rainer Stöckli hat die Geleitsätze verfasst und das Lektorat übernommen.

Der Dank der Herausgeber geht an Fred Kurer, an Jost Hochuli für die Gestaltung und an die Verlagsgemeinschaft St.Gallen (VGS) für die Aufnahme der Publikation in ihr Verlagsprogramm sowie an jene, die die Herausgabe finanziell unterstützt haben: Martita Jöhr, Zürich; Stadt und Kanton St.Gallen; Arnold Billwiller Stiftung, St.Gallen; Gesellschaft für deutsche Sprache und Literatur, St.Gallen.

Im Mai 2006

4.a

Australischer morgen

die Abos vor sonnenaufgang
hocken dem zaun entlang
an der durchgangsstraße im
plastikdreck des vorabends

rühren sich
recken zapplig ihre
eingefrorenen glieder die
zittern in der nachkälte der
nacht in morgendlicher gier nach alk

die sonne erhebt sich über dem pub das
später für sie zwar keine tür doch immerhin ein
schiebefenster öffnet

sie blinzeln zu den silhouetten des
wirts und seiner spindligen frau
die hohn und spott ausgießen mit
längst bekannten sprüchen über die namen von
Arnhem-Land

gelegentlich versuchen's ein paar mit lachen
aber es ist kalt
der wind zerrt an den lumpen über
nackten waden und zerbläst das geplapper

einige stehlen sich davon
die frauen werden ein feuerchen machen
der rest schart sich um den ausschank

auf dem
was von der trockenen wiese geblieben ist
bleibt liegen
was sich nicht mehr bewegen will
abfall von mensch
weißem farming
beschissener geschichte

4.b

斯设计，斜体被用于强调。我还用Scala Sans Medium，Janson Roman，Trinité 2 Wide和Trinité 2 Condensed这几款字体制作了样本。如果可以的话，我还想试试格拉尔茨·温格尔（Gerard Unger）设计的Swift字体。

Lexicon有两个版本。No.1的上升部和下升部都很短，No.2则是“常规”版本（图5）（“常规”意味着X高与上升部的比例约为5:3）。罗马体和斜体都有6种字重——A，B，C，D，E和F。在我看来，对于诗歌的版心和平均长度来说，Lexicon No.2罗马正体A是最有说服力的——尤其是在我稍微缩短了字体厂商提供版本的单字距之后。为何我唯独喜欢它而不是其他字体？我也说不上来。经过研究，我意识

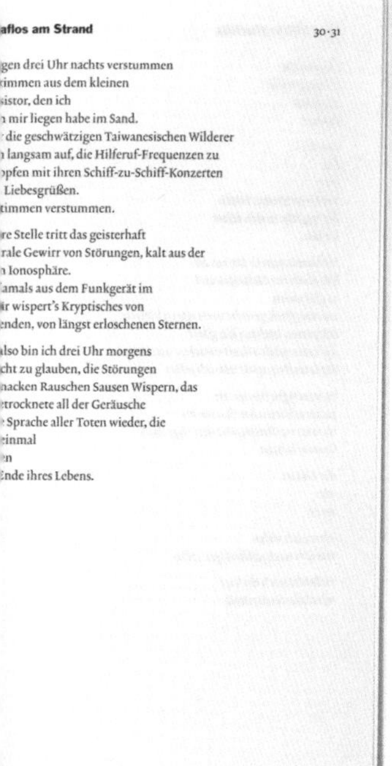
aflos am Strand 30·31

gen drei Uhr nachts verstummen
immen aus dem kleinen
sistor, den ich
mir liegen habe im Sand.
die geschwätzigen Taiwanesischen Wilderer
langsam auf, die Hilferuf-Frequenzen zu
opfen mit ihren Schiff-zu-Schiff-Konzerten
Liebesgrüßen.
timmen verstummen.

re Stelle tritt das geisterhaft
rale Gewirr von Störungen, kalt aus der
Ionosphäre.
amals aus dem Funkgerät im
ar wispert's Kryptisches von
enden, von längst erloschenen Sternen.

lso bin ich drei Uhr morgens
cht zu glauben, die Störungen
nacken Rauschen Sausen Wispern, das
trocknete all der Geräusche
Sprache aller Toten wieder, die
inmal
n
nde ihres Lebens.

4. 弗雷德·库勒（Fred Kurer），《写在上面》（Darüberschreiben dröber schriibe），圣加仑，VGS联合出版社，2006年，12.3 cm × 20.5 cm，封面及跨页展示。

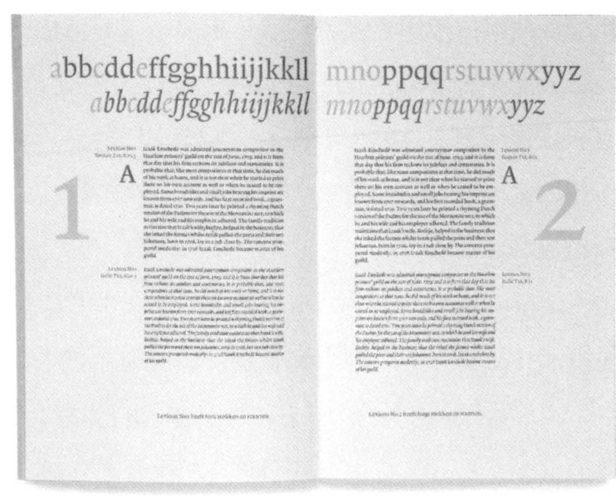

5. *Lexicon*字体手册，扎尔特博默尔，恩斯赫德铸字厂，1997年，16.5 cm×24.6 cm，封面及跨页展示。设计：玛丽·塞西尔·诺德齐耶（Marie-Cécile Noordzij）。

到这是我最近经常使用的一种字体——经常用于内容各不相同的文学作品。选择它的原因是我认识并非常喜欢它的设计师布拉姆·迪·德斯吗？因为我认为，作为一个字体设计师，他是独一无二的？他只设计了两个系列——Trinité和Lexicon，但在我看来，他用这两个系列创造了字体的历史，远远超过了大多数创造了一种又一种字体的设计师。这一切是否混淆了一直提到的系统性？除了设计字体，他还是一名出色的字体排印师，一名私人印刷工、一名生物园艺师、一名牧羊主和一名巴洛克小提琴演奏者。我只能说我喜欢这一款字体。我觉得它适合这本诗集，只是说不出确切的原因……

在诗歌标题方面，用Lexicon D，E或F的粗体版所进行的测试并不令人满意。这个结果太隆重了，它让我想起马克斯·卡弗利施为瑞士罗马天主教和新教教堂设计的赞美诗集。书中使用的Lexicon字体设置了不同的字重（图6）。那么，就来点不那么隆重的：Franklin Gothic No.2。这是一个略显粗糙的无衬线字体，由莫里斯·富勒·本顿（Morris F. Benton）在20世纪初为美国字体铸造厂（ATF）设计。我个人感觉是比较适合该书的字体组合（图4.b）。

如何选择和组合字体颇为讲究。有些字体排印师出于原则只使用一种字体，比如Rotis或Univers，他们认为这样一劳永逸地解决了问题。就个人而言，我不相信这种标准化的字体排印，就像我不相信另一个极端——每本书需要使用不同的字体。在这个问题上，我同意瑞士装订师弗朗茨·蔡尔的观点，他对装订设计是这样写的：“不顾一切地强行在封面上展示书的意境，如同书的内容和装帧之间完全没有联系一样，是一种误导。”这同样适用于书的内容及所使用的字体。我希望你没有错过“大概（probably）”一词。蔡尔不是教条主义者，我也不是。教条限制并阻碍了建设性的思考。

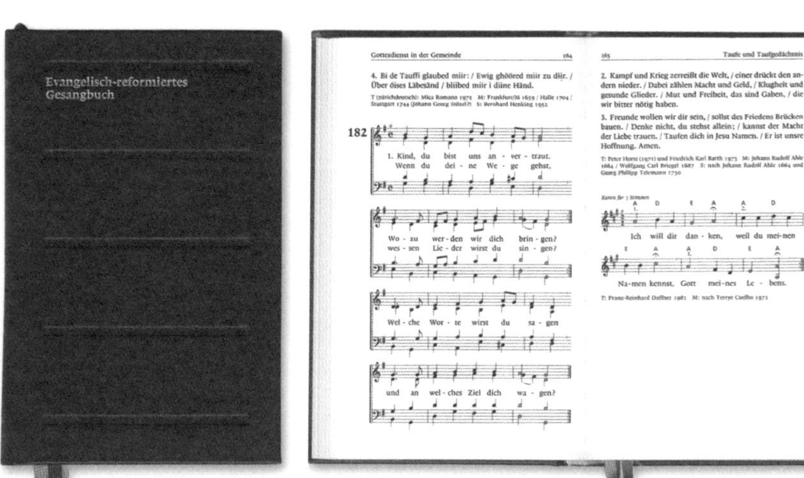

6.《福音派改革派赞美诗集》（*Evangelisch-reformiertes Gesangbuch*），苏黎世，苏黎世神学出版社，1998年，10.8 cm×17.2 cm，封面及跨页展示。设计：马克斯·卡弗利施。

如果想到我刚才讨论的那本诗集和这个讲座的题目，比如有多少系统性的字体选择方式在其中呢？依我看，并不系统。我只瞧了五种字体，并选择了其中一个。一个真正系统的方法会意味着评估几十种用于正文的字体，以及适合所有这些选项的展示字体。我没有这么做，我想看看谁真会这么干。

我想讨论的下一件作品是在1984年完成的。它是用蒙纳的激光照排系统制作的，比桌面出版早了几年。（图7）

它是圣加仑城市建筑目录的第二卷，并列出了老城区以外的保护区、特殊地区和列入目录的建筑。书芯的格式为17.5 cm×24 cm，比例上比DIN A的尺

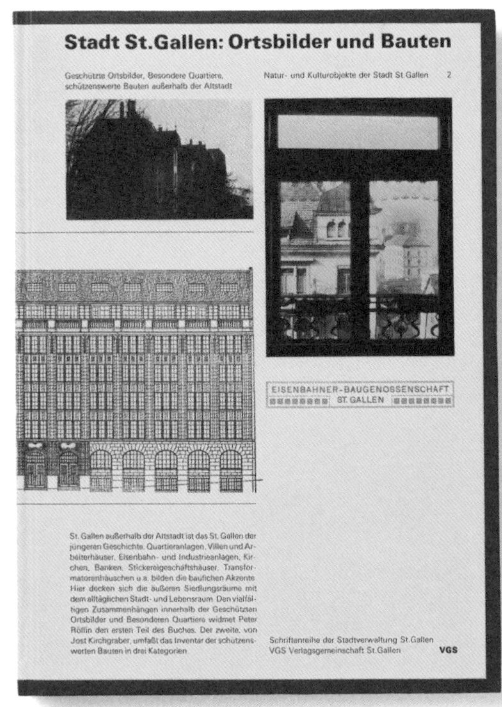

7. 约斯特·基奇格拉伯（Jost Kirchgraber）、彼得·罗琳（Peter Röllin），《圣加仑城：遗址与建筑》（*Stadt St.Gallen: Ortsbilder und Bauten*），圣加仑，VGS联合出版社，1984年，17.5 cm×24 cm，封面及跨页展示。

寸系列要宽一些。格式和比例都不是一个选择问题，好比它是现有文化历史系列的一部分。在序言之后，保护区和特殊地区以双栏排版进行，文字和插图的数量各不相同，大部分使用了网格系统（但并不总是严格遵守）。（图7.a）

第二部分采用三栏式排版，记录了三类独立建筑。类别1在黄色的纸上（图7.b），每座建筑都有一到两页的介绍。类别2在蓝色的纸上（图7.c），每个建筑都为一栏。到了类别3，在米色的纸上，两种建筑共用一栏（图7.g）。

这本书的概念——也就是各个章节的比重——是由两位作者精确制定的，使得整个规划设计更加容易。第一部分和类别1中建筑的插图是小照片，裁

7.a

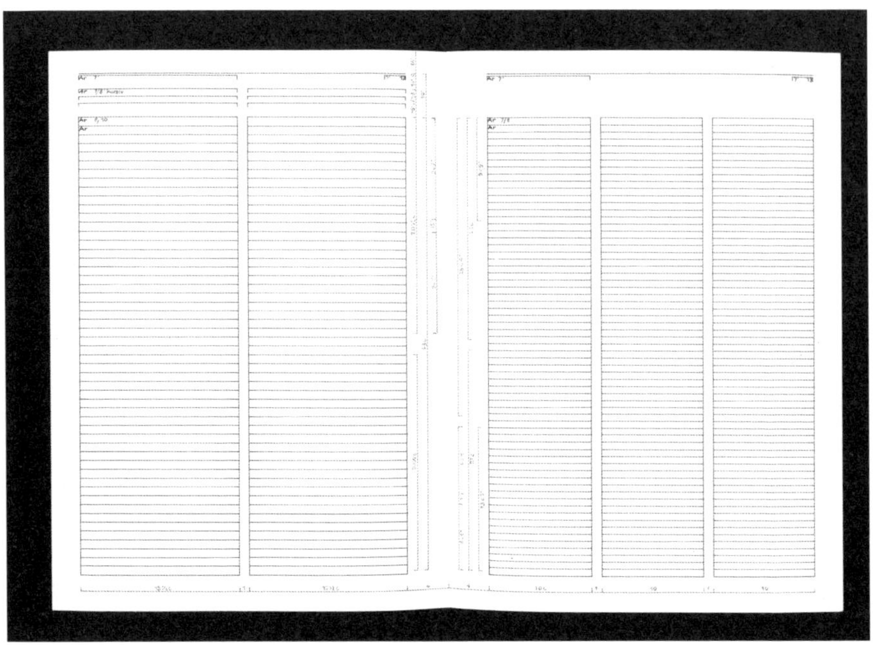

8.《圣加仑城：遗址与建筑》的网格系统。

剪成不同的大小，从窄于2:3到宽于3:4不等。类别2和类别3没有大量的建筑插图，因此必须拍摄新的照片。经过短暂的考虑，在没有真正明确详细设计的情况下，我要求摄影师使用禄莱或哈苏相机提供方形图片，并尽可能地保持相同的比例。如果我不能使用方形图片，而是使用横向或纵向图片，那就意味着需要更多的页面，到时页面会变得相当混乱，特别是在类别3。

就字体版式与网格而言，这是我设计过的最为复杂的书。在我看来，这也是一本凭感觉发挥作用比其他大多数书要少的作品。当我开始这本书的工作时，就为第一个双栏部分和第二个三栏部分制定了网格。(图8) 我雄心勃勃的目标是使用完全相同的版心。在高度和宽度上，两个部分都要使用相同的

7.b

7.c

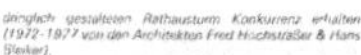

7.d

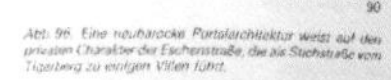

7.e

7.f

7.g

字体，并使两个插图的网格与文字的网格完全协调，以便插图的高度完全吻合。我希望两部分的灰度完全一致。这意味着第一部分的字号8点、行间距10点的Univers 45设置为15个西塞罗，第二部分的字号7点、行间距8点的Univers 45设置为10个西塞罗。作为下一步工作的基础，制定对页页数需要大量的计算。

当谈到系统的书籍设计时，字体排印师们往往首先想到的是第二次世界大战期间和紧随其后发展起来的网格。由理查德·保罗·洛泽（Richard Paul Lohse）、马克斯·比尔、汉斯·若伊堡（Hans Neuburg）和卡洛维尔莱利（Carlo L. Vivarelli）开发。随后埃米尔·鲁德和罗伯特·比希勒（Robert Büchler）将其基础性地应用，随后在乌尔姆艺术学院推广，直到它成为字体排印师们的共同财产。我记得在20世纪70年代在慕尼黑字体排印协会（TGM）的一次演讲中，我取笑了对网格不加批判的应用——几乎是作坊式的。网格是一个为复杂印刷品带来秩序的工具。在1993年出版的《瑞士书籍设计》(*Book Design in Switzerland*)（图9）中，我提到了一本关于该主题的广为人知的书。我引用道："1981年，当很少有人再相信网格是排版的良方时，约瑟夫·米勒-布罗克曼的《平面设计中的网格系统》(*Grid systems in graphic design*)（图10）问世了。这是一本很有价值的书，因为它或多或少地在事后为'瑞士字体排印'现象提供了一个回顾性的理论基点。它本身也是该系统的一个教科书式的典范，并同时展示了网格系统的可用性，以及它们的局限性所在。"这些局限性在于网格扼杀了创造力，它让我们想起了军营和走正步，极其乏味。在我看来, 米勒–布罗克曼的书也是一个很好的例子。

近期, 这本书以及普通意义上的网格系统, 受到了一些相当恶毒的攻击。四年前（2003年), 在奥地利字体排印协会（TGA）的一次研讨会上, 年轻的瑞士设计师卢多维奇 · 巴兰德（Ludovic Balland, 1973— ）以“杀死网格”为题对网格进行了抨击。他说, 他将禁止他的学生阅读米勒–布罗克曼的书。我很能理解有人对整个网格故事彻底厌倦了, 因为它几乎已经变成了宗教信仰。在我看来, 完全禁止网格似乎与多年来反对中心排版和不对称排版倡导者的争论一样荒谬。网格对于许多工作来说是有用的工具。但它只是一种工具, 而不是教条, 所以它应该被明智地而不是顽固地应用。

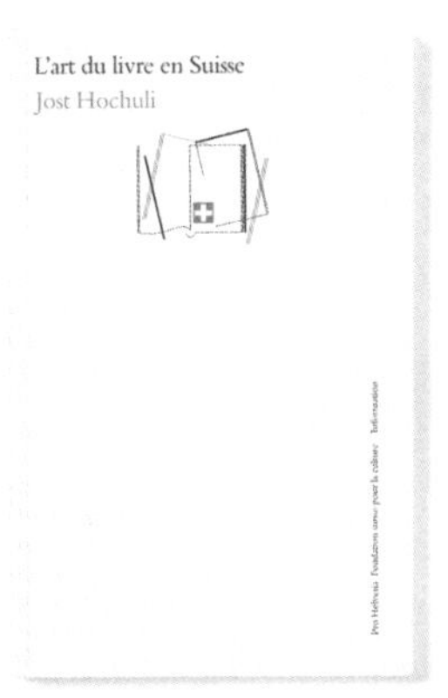

9. 约斯特 · 霍胡利,《瑞士书籍设计》, 苏黎世, Pro Helvetia, 1993年, 13.6 cm×21 cm, 封面展示。

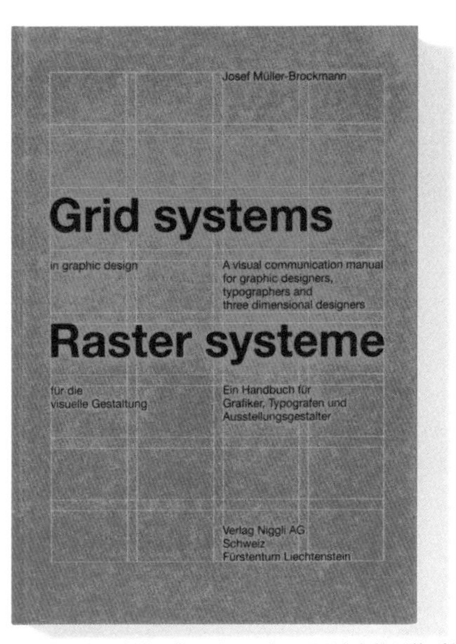

10. 约瑟夫 · 米勒–布罗克曼,《平面设计中的网格系统》, 托伊芬, Niggli出版社, 1981年, 21 cm×30 cm, 封面展示。设计: 约瑟夫 · 米勒–布罗克曼。

我无法想象现在讨论的这本书没有一个基本的网格来创造秩序。选择Univers 45，即原有21个品种的标准宽度的纤细版本，可以说是直觉的产物，包括对彩色纸张的选择。苍白的版心也可以是带锯齿的（左对齐排版），我只是更喜欢这本书中的无衬线字体。我没有选择常规宽度的细款Helvetica——这原本是完全可行的——我从来没有喜欢过这种字体。所以，靠直觉，而非理性的决定。

我对Univers的偏爱无疑可以追溯到埃米尔·鲁德的影响。不过，更多的是受鲁道夫·霍斯泰特勒的影响，他多年来一直是瑞士字体排印杂志《字体排印月刊》(图11)的编辑。在20世纪50年代中期，弗鲁提格在巴黎的Deberny & Peignot公司设计了Univers家族，霍斯泰特勒与他一直保持着联系，当时我是霍斯泰特勒的实习生。在20世纪50年代末，Univers与后来被称为Helvetica的Neue Haas Grotesk

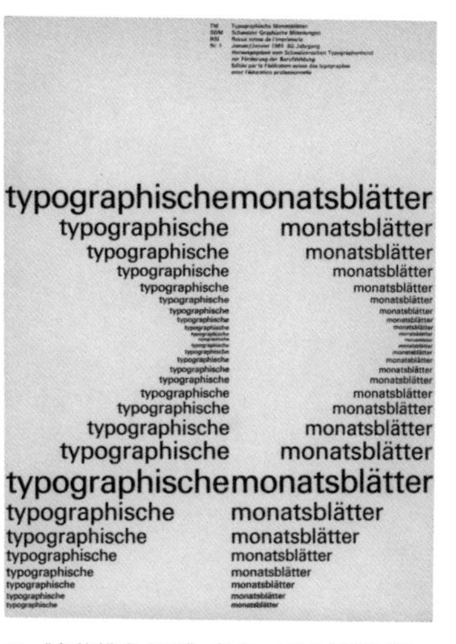

11.《字体排印月刊》杂志，1961年第1期，Univers字体特刊，23cm×31cm，封面及跨页展示。设计：埃米尔·鲁德。

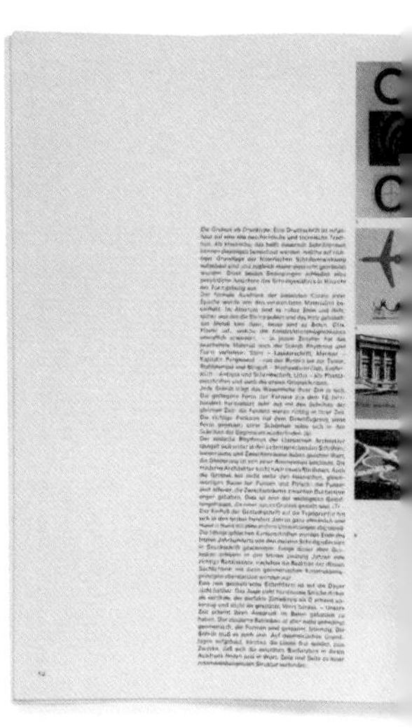

11.a

几乎同时出现，巴塞尔（也就是两位字体排印师兼教师鲁德和比希勒）决定采用Univers，苏黎世以及在其影响下的乌尔姆设计学院则倾向于Helvetica。支持Helvetica的人认为它比Univers更客观，更缺少个性。

对字体的偏好在很大程度上是一种感觉问题，而标准很难是客观的。而且随着时间和地点的不同，人们的印象也会有所不同。当第一批无衬线字体出现在19世纪初的英国时，它们被用来营造一种古老的印象。詹姆斯·莫斯利（James Mosley）在《字体排印》（*Typographica*）杂志第12期发表的文章——《仙女和洞穴：无衬线体的复兴》（“The Nymph and the Grot: the revival of the sans-serif letter”）之中对此进行了论述。而在大约100年前，无衬线体首次出现在魏玛和德绍的包豪斯，它们则代表了完全相反的意思——现代性和进步，虽然不是全然如此，例

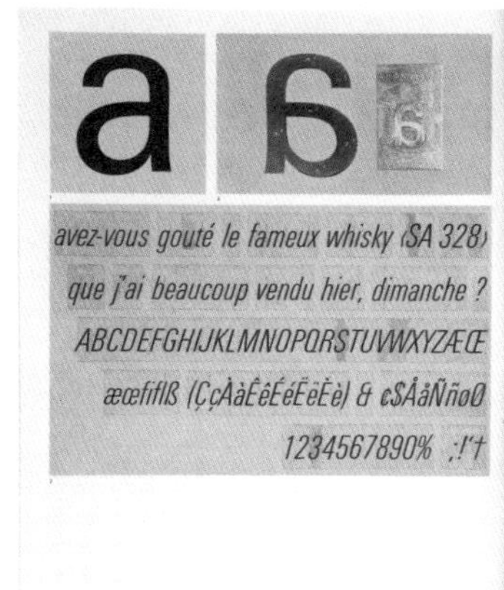

11.b

如：Gill Sans从未被德国或瑞士的现代主义者所接受，与之相反，英国字体排印师安东尼·弗洛斯豪格（Anthony Froshaug）则在他的大部分印刷作品中使用这款字体。

另一件事是：在许多设计学院学习字体设计时，学生们迟早会为各种字体创建一个所谓的“身份档案”。这是常规秩序的一部分，也颇受欢迎，因为它创造了一种相对“科学的”印象。一般来说，比较单个字母或者整个单词时，字体只能在几行文本的基础上进行比较，同一文本必须使用相同的X字高、相同的行长和相同的行距。此外，它们必须以相同的工艺和相同的油墨印在同一张纸上，并有相同的页边距。只有这样，才有可能进行严谨的比较。（还有一件事：如果你真的这样做了，你会有一个尴尬的发现，就是没有一个词可以准确地描述字体之间非常显著的视觉差异。）

但是，关于字体的选择已经足够了。我希望我所说的足以说明感觉在这一领域发挥着多么重要的作用。

那么，回到我们的主要关注点。在设计书籍时，我总是试图将最大可能的易读性需求与版式结合起来，无论是对称还是非对称，都与内容有关。

近年来，我多次试图突破完全对称或完全不对称的排版束缚。特别是我一直在寻求一种与僵硬的“经典”网格略有不同的组织原则，在我们所看的这本书中我使用了这种网格，我要强调的是它有很多优点。

在过去的二十五年里我设计了许多这一类的书籍。它们不是对称或非对称的，而是综合了这两种基本设计方法，相信能为设计开辟更广泛的可能性。我一般从一个基本对称的版式开始，接着进行扩展和调整，直到对称不再明显。

这方面的早期努力是1983年出版的Typotron系列第1册（图12），它是为了纪念鲁道夫·霍斯泰特勒而出版的。它的网格仍然是传统的4×4，比例为2:3。版式是中心对称，栏基本上是以版心的垂直轴线为中心（图12a）。然而，这本小册子的整体印象是非对称的。这种对称与非对称相结合的想法来自霍斯泰特勒，他既擅长设计经典的中心对称排版，也擅长设计不对称排版（图13）。

IN MEMORY OF R.H.

12. 约斯特·霍胡利，《鲁道夫·霍斯泰特勒的墓志铭》（*Epitaph für Rudolf Hostettler*）圣加仑，VGS联合出版社，Typotron系列第1册，1983年，15cm×24cm，封面及跨页展示。

13. 安布罗伊斯·帕尔（Ambroise Paré），《理由和报告》（*Rechtfertigung & Bericht*），1963年；
费利克斯·普拉特（Felix Platter），《观察报告（一）》（*Observationes vol. 1*），1963年；
查尔斯·达尔文（Charles Darwin），《达尔文作品精选》（*Eine Auswahl aus seinem Werk*），1965年；
约瑟夫·托姆西克（Josef Tomcsik）编辑，《巴斯德和自生代的产生》（*Pasteur und die Generatio Spontanea*），1965年。
伯尔尼，Huber出版社，14.5 cm×23.2 cm。设计：鲁道夫·霍斯泰特勒。

尽管他作为一名现代主义者，以《字体排印月刊》杂志主编的身份，以及他众多独具魅力的非对称设计而为公众所熟知，但他同时也是一位受奇肖尔德和英国传统影响的古典主义字体排印者。这就是为什么我想把这两种设计方法结合起来，并运用在该出版物中。

十三年之后，我又进一步发展了这种将对称性和非对称性相结合的想法。我想讨论的最后一本书是在1996年出版的。

这不是一本“真正的书”，而是一本单帖的小册子，尺寸为22.5 cm×30 cm，比例为3:4（图14）。它的标题是《可见》（*Sicht bar*），是一个装置和表演的记录，主要在一个旧厂房的地下室里。

材料——封面用的是沥青复合牛皮纸，内容页用的是浅灰色的再生纸——旨在唤起工厂、混凝土、地下室的氛围。颜色的组合——护封的深灰色、内封的红色和环衬的紫蓝色（图14.a）（这是一种廉价的包装纸），以及内容页的浅灰色，使作品呈现出一种柔

1919 Born on 8th June at Zollikofen, near Berne. Citizen of Rüschegg, Canton of Berne. Apprenticed as compositor at the Hall printing company, Zollikofen.
1938 Visit to London School of Printing.
1941 Overseer at Feldegg AG printing company, Zürich.
1943 27th April, joined the printing company of Zollikofer & Co. St.Gallen, where he worked for 37 years. Formed an in-company design department. Design work for the layout of the *St.Galler Tagblatt* and for a variety of publications and jobbing. Co-editor with Hermann Strehler, general manager of Zollikofer, of the periodical *Schweizer Graphische Mitteilungen, SGM.*
1949 First edition of *Type* and first edition of *The printer's terms.*
1952 Married Mafalda Martini. Merger of the periodicals *Typografische Monatsblätter (TM), Schweizer Graphische Mitteilungen (SGM)* and *Revue Suisse de l'Imprimerie (RSI)*, thereafter appearing under the main title *Typografische Monatsblätter (TM)*. Hostettler, as editor-in-chief, undertakes sole responsibility for the periodical to a large extent.
1961 Own house built on the Waldweg, Engelburg.
1962, 1963 and 1964 Adoption of five Tibetan children.
1971 Together with Hermann Strehler, founds the periodical *Druckindustrie (DI)*, for which he also has the main responsibility as editor-in-chief and originator.
1980 Early retirement from Zollikofer & Co, but continues to edit *TM*.
1981 19th February, Rudolf Hostettler dies following a serious illness.

Member of ATypI, SWB, VSG (later ASG). Member of the Technical Commission of the STB (later GDP), of the SBV/STB Technical Committee and of the typesetting commission (a new training board for the printing industry). Member of the Council of the Höhere Grafische Fachschule (HGF) – Graphic Arts College – of Zurich.

Friend and helper, typographer. Almost three years after the death of Rudolf Hostettler, a fact that few of his friends realized at the time has now become clear to all: Swiss typography lost its 'centre' with him. For almost 30 years, ever since he took over the editorship of *Typografische Monatsblätter*, Hostettler was an objective arbiter for many people, especially the younger professional typographers. He stood above the 'parties pro and contra' and counted among his friends many who had no time for one another …

His ability to listen, to evaluate and understand various points of view, was the firm basis for his editorial activities. This did not in any way mean that he could not hold his own decisive views; but he did not consider them to be unassailable. Although he was generally amused by professional disputes among the staff and contributors of his magazine and saw such disagreements as part of the 'comédie humaine', the parties concerned seldom noticed that fact, for even when he believed the subject of dispute to be pointless – as in the case of the bitter disagreement between the supporters of symmetry and asymmetry in typography – he tried just the same to understand the opposite points of view. Only self-conceit and bluff, combined with obvious incompetence, were capable of annoying him, and then he could be satirical, but generally with such finesse that the criticisms went unnoticed by the person concerned.

Hostettler's readiness to help young typographers and provide them with a forum in *TM*, so that they could put their ideas into practice, was not always understood, often not even by those to whom he had just given that service. This certainly distressed him but did not prevent him from continuing to fulfil his self-chosen task.

His generous attitude to the human and professional qualities of other typographers has an analogy in his own creative work. Most of his younger friends, whose unconventional work he appreciated so positively, simply could not believe that the greater part of his book design work is of the classical, balanced, 'English' typographical style. If they charged him with 'inconsistency' – which happened sometimes – he used to counter the criticism with the remark that consistency should not be confused with obstinacy. The quiet laugh which accompanied his remarks was the expression of a relaxed self-confidence. 'Host' – as he was affectionately nicknamed by his friends, and as he often used to sign his name

5

12.a

R.H. and his family. Mafalda and Rudolf Hostettler were denied having children of their own. They therefore took five Tibetan children, two girls and three boys, into their family: Tendzin and Norbu in 1962, Tsering, Nyima and Pasang in 1963.

R.H. was an understanding father to his children and a fatherly friend to them as they grew up. Happy holiday photos tell a story of carefree joyful days; even when he later had worries and sorrow about the five children, the happiness won through.

8

12.b

Objects that he loved: water-jugs from the Mediterranean; tools showing how they were made and what purpose they served; objects decorated by the simplest strokes or with meagre materials.

During his last years he enjoyed collecting tools for his wife Mafalda in antique shops or flea markets. They were intended as a contribution to a local museum in Gaiserwald, which has yet to be installed.

和的色调。对封面纸和内文纸的选择是理性思考的过程，但前两张纸的颜色是我凭直觉选择的。我选择它们的理由很简单，因为我喜欢这些颜色和它们的色调。

版心以十字形结构为基础。文本被放置在纵轴的左右两侧，其中一个或另一个可以省略。（图15）

插图的网格——如果它真的可以被描述为网格的话——是中心对称的；插图可以是中心对称的，可以是轴向对称的，也可以是非对称的，可以在横轴之上或之下，也可以在纵轴的左右。（图16）

插图的比例——大的或小的，风景的或肖像的——都是准确的，或在2:3以内；就是用35毫米相机拍摄未剪裁的照片格式。这使得实现大量不同排列的图像成为可能。有时重点更多地放在中心轴上，有时更多地放在非对称上。（图14.b）

14. 马库斯·戈斯勒（Marcus Gosslt），《可见》（*Sicht bar*），圣加仑，VGS联合出版社，1996年，22.5cm×30cm，封面、封面内侧、环衬、跨页展示。

14.a

15.《可见》的十字形结构。

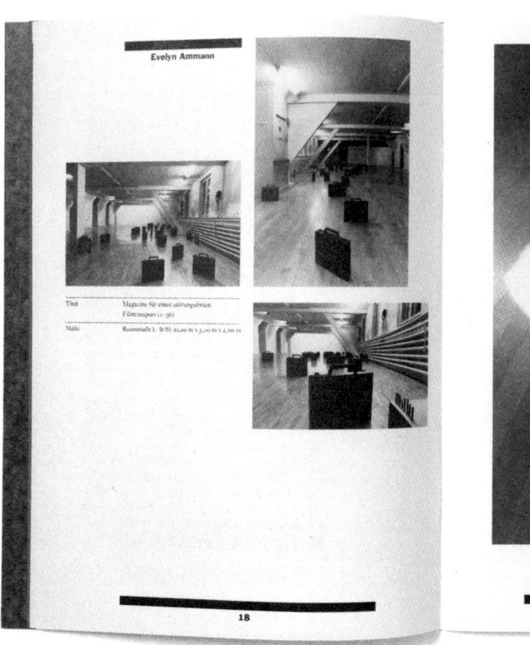

14.b

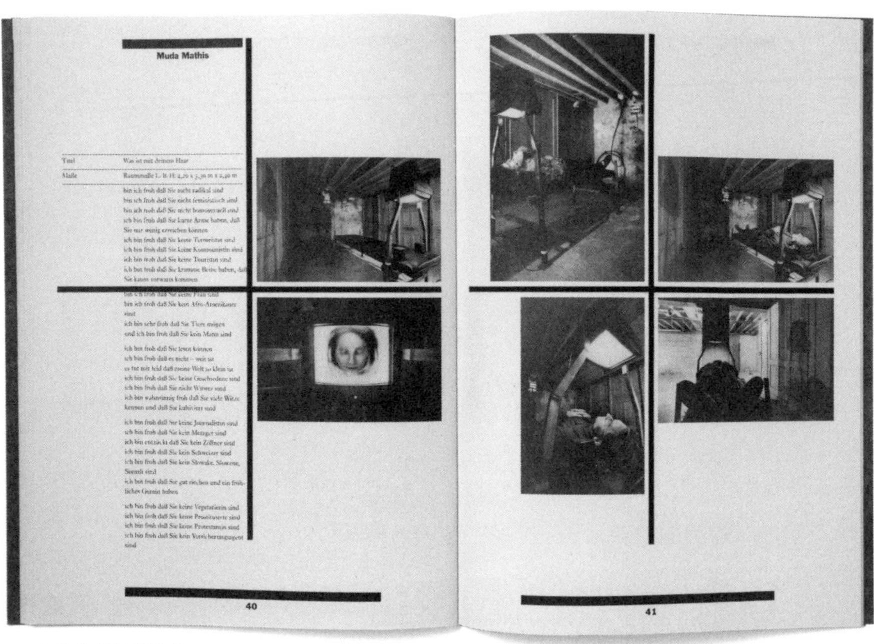

Muda Mathis

Titel	Was ist mit deinem Haar
Maße	Raummaße L/B/H: 4,20 x 3,30 m x 2,40 m

bin ich froh daß Sie nicht radikal sind
bin ich froh daß Sie nicht feministisch sind
bin ich froh daß Sie nicht homosexuell sind
ich bin froh daß Sie kurze Arme haben, daß
Sie nur wenig erreichen können
ich bin froh daß Sie keine Terroristin sind
ich bin froh daß Sie keine Kommunistin sind
ich bin froh daß Sie keine Touristin sind
ich bin froh daß Sie krumme Beine haben, daß
Sie kaum vorwärts kommen
bin ich froh daß Sie keine Frau sind
bin ich froh daß Sie kein Afro-Amerikaner
sind
ich bin sehr froh daß Sie Tiere mögen
und ich bin froh daß Sie kein Mann sind

ich bin froh daß Sie lesen können
ich bin froh daß es nicht – weit ist
es tut mir leid daß meine Welt so klein ist
ich bin froh daß Sie keine Geschiedene sind
ich bin froh daß Sie nicht Witwer sind
ich bin wahnsinnig froh daß Sie viele Witze
kennen und daß Sie kultiviert sind

ich bin froh daß Sie keine Journalistin sind
ich bin froh daß Sie kein Metzger sind
ich bin entzückt daß Sie kein Zöllner sind
ich bin froh daß Sie kein Schweizer sind
ich bin froh daß Sie kein Slowake, Slowene,
Somali sind
ich bin froh daß Sie gut riechen und ein fröhliches Gemüt haben

ich bin froh daß Sie keine Vegetarierin sind
ich bin froh daß Sie keine Prostituierte sind
ich bin froh daß Sie keine Protestantin sind
ich bin froh daß Sie kein Versicherungsagent
sind

40

41

16.《可见》的网格结构。

19

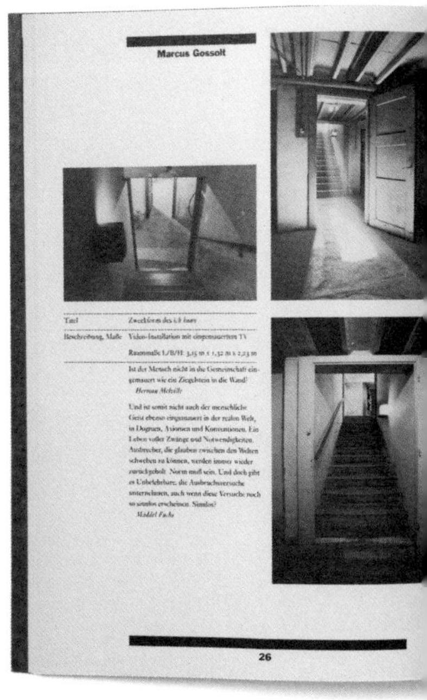

Marcus Gossolt

Titel	Zweckform des Ich baus
Beschreibung, Maße	Video-Installation mit eingemauertem TV
	Raummaße L/B/H: 3,15 m x 1,32 m x 2,23 m

Ist der Mensch nicht in die Gemeinschaft eingemauert wie ein Ziegelstein in die Wand?
Herman Melville

Und ist somit nicht auch der menschliche
Geist ebenso eingemauert in der realen Welt,
in Dogmen, Axiomen und Konventionen. Ein
Leben voller Zwänge und Notwendigkeiten.
Ausbrecher, die glauben zwischen den Welten
schweben zu können, werden immer wieder
zurückgeholt. Norm muß sein. Und doch gibt
es Unbelehrbare, die Ausbruchsversuche
unternehmen, auch wenn diese Versuche noch
so sinnlos erscheinen. Sinnlos?
Maddel Fuchs

26

14.c

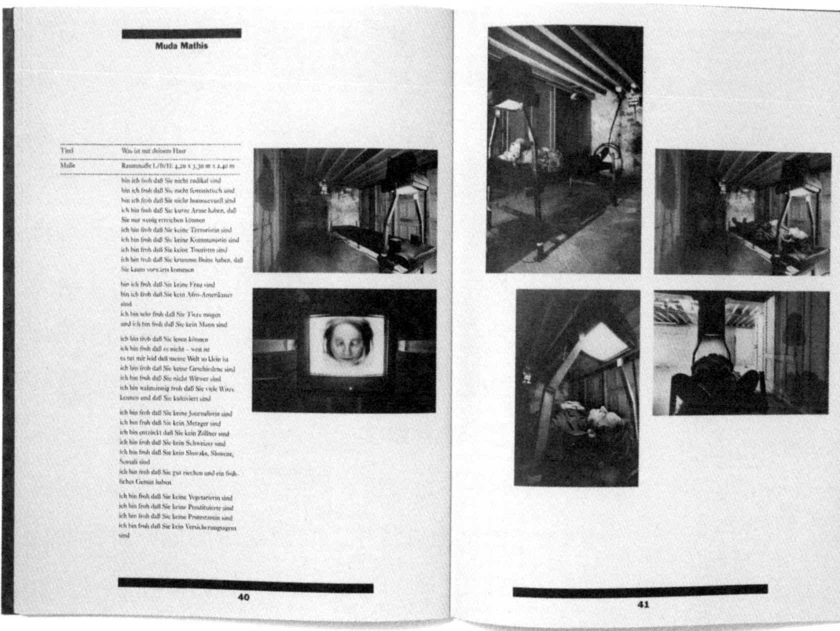

Muda Mathis

Titel	Was ist mit deinem Haar
Maße	Raummaße L/B/H: 4,20 x 3,30 m x 2,40 m

bin ich froh daß Sie nicht radikal sind
bin ich froh daß Sie nicht feministisch sind
bin ich froh daß Sie nicht homosexuell sind
ich bin froh daß Sie kurze Arme haben, daß Sie nur wenig erreichen können
ich bin froh daß Sie keine Terroristin sind
ich bin froh daß Sie keine Kommunistin sind
ich bin froh daß Sie keine Touristin sind
ich bin froh daß Sie krumme Beine haben, daß Sie kaum vorwärts kommen

bin ich froh daß Sie keine Frau sind
bin ich froh daß Sie kein Afro-Amerikaner sind
ich bin sehr froh daß Sie Tiere mögen
und ich bin froh daß Sie kein Mann sind

ich bin froh daß Sie lesen können
ich bin froh daß es nicht – weit ist
es tut mir leid daß meine Welt so klein ist
ich bin froh daß Sie keine Geschiedene sind
ich bin froh daß Sie nicht Witwer sind
ich bin wahnsinnig froh daß Sie viele Witze kennen und daß Sie kultiviert sind

ich bin froh daß Sie keine Journalistin sind
ich bin froh daß Sie kein Metzger sind
ich bin entzückt daß Sie kein Zöllner sind
ich bin froh daß Sie kein Schweizer sind
ich bin froh daß Sie kein Slowake, Slowene, Somali sind
ich bin froh daß Sie gut riechen und ein fröhliches Gemüt haben

ich bin froh daß Sie keine Vegetarierin sind
ich bin froh daß Sie keine Prostituierte sind
ich bin froh daß Sie keine Protestantin sind
ich bin froh daß Sie kein Versicherungsagent sind

40

41

14.d

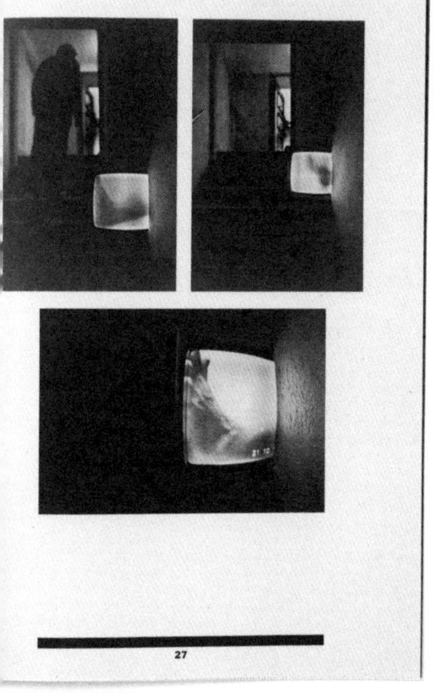

27

因此，在发言的最后，请允许我总结一下，我无法想象任何人在着手设计一本书（即使是非常薄的一册）时没有某种计划可循，无论是简单还是复杂的，至少没有试图系统性地进行。不过，任何设计者迟早都会达到一个点，在这个点上，系统的工作会受到外部的影响。在相当罕见的情况下，一个项目可以从开始到结束不受外部影响的干扰，许多决定将是自发的，凭感觉的，而不是系统性的和根据计划的。因此，问题显然出现了：是否应该接受这些凭“直觉”的常规部分作为设计过程。如果我们不把“系统性”定义得太狭隘，那么在本来是经过逻辑思考的书籍设计中，它们是否应该有自己的位置？事实上，我想知道，是否正是这些无法合理解释的决定，创造了一本书独特的魅力和鲜明的特征。在这种情况下，就不存在狭义的、字面意义上的“系统的”书籍设计了。

在弗朗茨·布莱（Franz Blei）的自传《我的一生》（*Erzählung eines Lebens*）中，我看到了这样一句话：“我们在生活中确实很少按照理性行事，仅仅依靠理性的决定来生活，结果将会非常奇怪。”

在这种情况下——如果我们接受自发性、无意识和直觉来作为系统的内核，可以说——我们也许可以在这次谈话的题目后面不加问号……

坐在桌边的约斯特·霍胡利，圣加仑，2014年

约斯特 · 霍胡利书籍设计作品

Zwei hellgraue Dolo
mit einem breiten rö
Reiner, weißer Dolo
der Gebirgsbildung
Gesteine wieder ver
sammengekittet.

Gut zugerundeter, r
kalk.

Zerbrochener, platt
Sandstein.

奥斯卡·凯勒（Oskar Keller）、
乌尔斯·霍胡利（Urs Hochuli），
《躺着的鹅卵石》（*Sitterkiesel*），
圣加仑，VGS联合出版社，
瑞士东部系列第1册，
2000年，14.8 cm × 23.5 cm

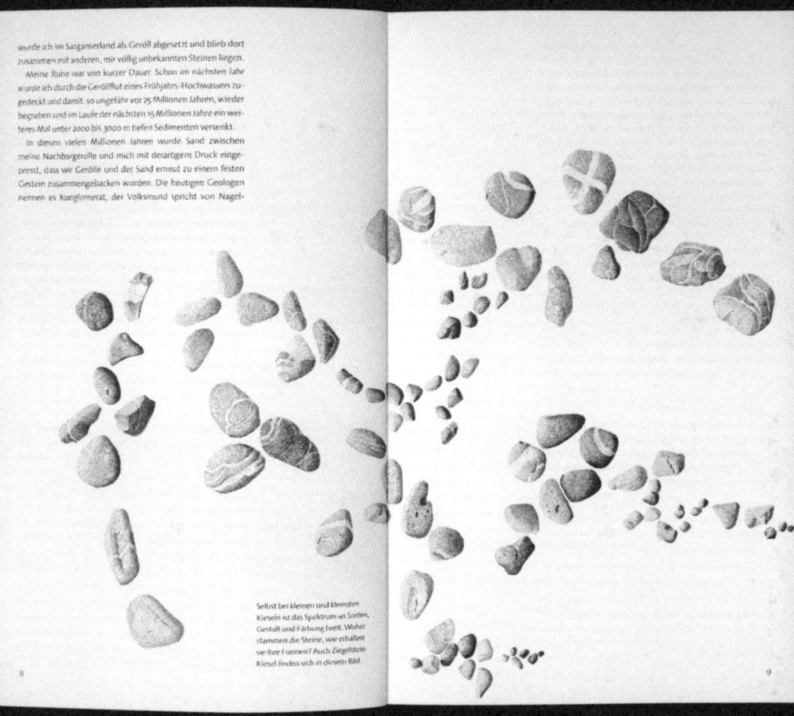

wurde ich im Sarganserland als Geröll abgesetzt und blieb dort zusammen mit anderen, mir völlig unbekannten Steinen liegen.

Meine Ruhe war von kurzer Dauer. Schon im nächsten Jahr wurde ich durch die Geröllflut eines Frühjahrs-Hochwassers zugedeckt und damit, so ungefähr vor 25 Millionen Jahren, wieder begraben und im Laufe der nächsten 15 Millionen Jahre ein weiteres Mal unter 2000 bis 3000 m tiefen Sedimenten versenkt.

In diesen vielen Millionen Jahren wurde Sand zwischen meine Nachbargerölle und mich mit derartigem Druck eingepresst, dass wir Gerölle und der Sand erneut zu einem festen Gestein zusammengebacken wurden. Die heutigen Geologen nennen es Konglomerat, der Volksmund spricht von Nagel-

Selbst bei kleinen und kleinsten Kieseln ist das Spektrum an Sorten, Gestalt und Färbung breit. Woher stammen die Steine, wie erhalten sie ihre Formen? *Auch Ziegelstein Kiesel finden sich in diesem Bild*

8

9

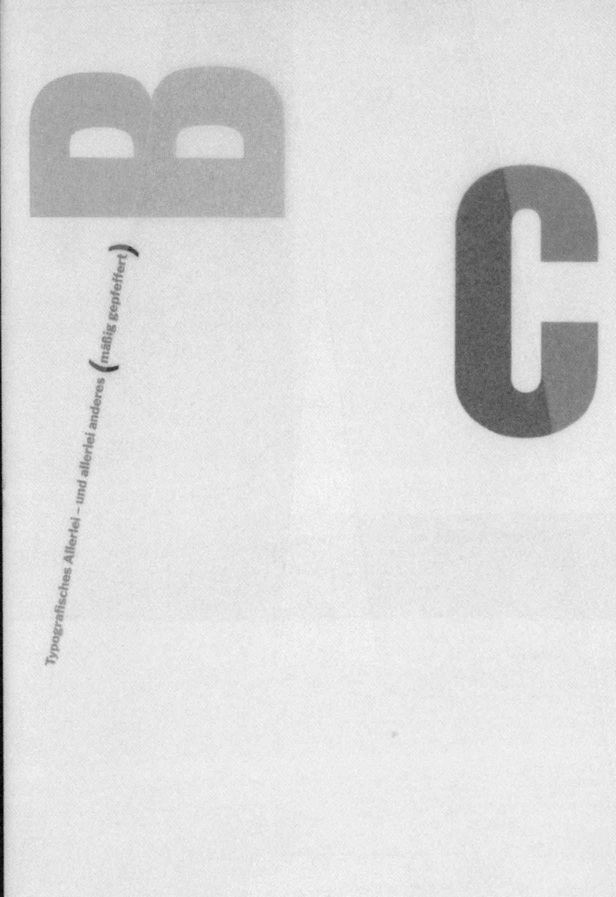

约斯特·霍胡利（Jost Hochuli），《字体排印的多样性》

[Typografisches Allerlei - und allerlei anderes (mässig gepfeffert)],

圣加仑，VGS联合出版社，Typotron系列第15册，1997年，15 cm × 24 cm

C wie Centimeter contra Cicero

Für alle europäischen Gemeinschaften (EG, EFTA, OECD, GATT), für alle Mitgliedstaaten der internationalen Meterkonvention und für jene angelsächsischen Länder, die sich noch nicht der Meterkonvention angeschlossen hatten, gilt seit dem 1. Januar 1978 ausschließlich das metrische Maßsystem. Die typografischen Maßeinheiten Cicero und Punkt sollten nicht mehr gebraucht werden.

Vereinfachungen haben es in sich: Sie führen öfter als nicht zum Gegenteil. In der typografischen Praxis nämlich wird nun mit beiden Systemen gearbeitet: Zeilenlängen werden in Centimetern und Millimetern, Schriftgrade und Zeilenabstände in typografischen Punkten angegeben. Und um das Durcheinander noch etwas spannender zu machen, werden sowohl das englisch-amerikanische Pica-Punkt-System als auch das kontinentaleuropäische Cicero-Punkt-System angewendet.

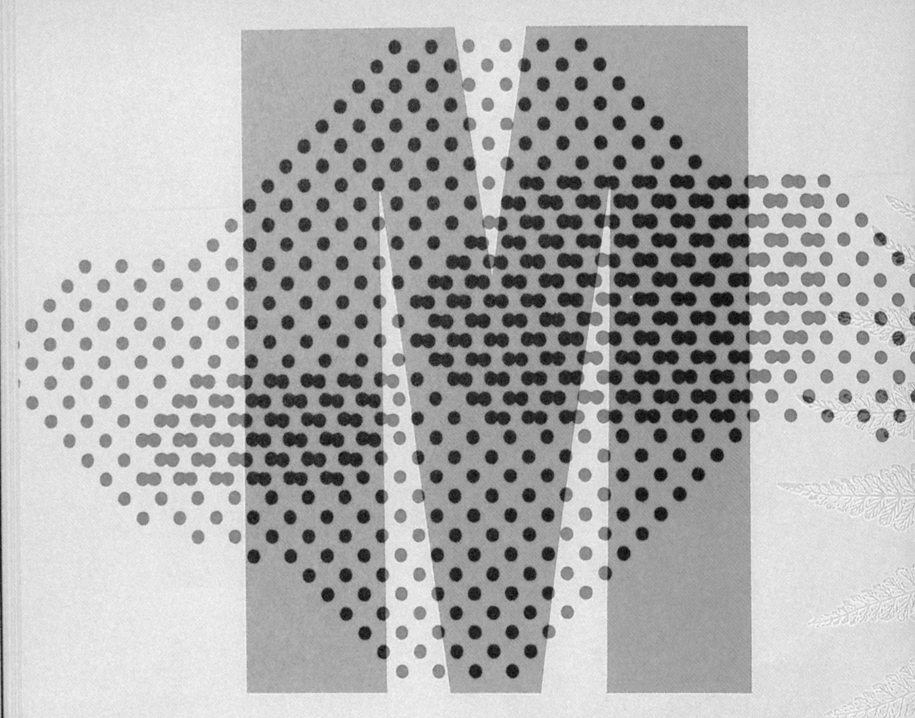

M wie Stanley Morison

Freunde und Bewunderer nannten ihn den Nonpareil der Typografie: Stanley Arthur Morison (1889–1967), Typograf, Typografietheoretiker, Historiker, Verfasser einer Reihe bedeutender Bücher. Als Berater der Monotype Corporation Ltd war er für zahlreiche Neuschnitte historischer Druckschriften verantwortlich. Doch regte er auch Neues an. So ermunterte er z. B. den Bildhauer Eric Gill, eine Serifenlose zu zeichnen, die, als Gill Sans produziert, heute noch weltweit und oft verwendet wird.

Bei einem seiner Besuche in Zürich, wo er sich vor allem für die Alkuinbibel in der Zentralbibliothek interessierte, traf er auch mit Walter Käch (1901–1970) zusammen. Als Lehrer für Schrift an der Kunstgewerbeschule hatte dieser seine eigenen Ansichten zum Thema Serifenlose; die Gill Sans jedenfalls gehörte nicht zu seinen Lieblingen. Das habe er auch, so erzählte Käch seinen Freunden lachend, dem berühmten Gegenüber ohne Umschweife zu verstehen gegeben. Dieser, sichtlich verärgert über Kächs Kritik, hätte zwar kein Wort gesagt, aber in einem fort sein Steak gepfeffert, und das so, daß er beim ersten Bissen einen Hustenanfall gekriegt habe und schließlich das Stück Fleisch als ungenießbar beiseite legen mußte.

N wie Naturselbstdruck

1873 erschien in Prag im Verlag von F. Tempsky ein zehnbändiges Werk im Imperialfolio-Format von 39,5 x 58 cm, das auf zehnmal 100 Tafeln originalgroße, einfarbig braun gedruckte Pflanzenbilder enthält. Es ist das umfangreichste Werk, dessen Reproduktionen über das Verfahren des Naturselbstdrucks zustande kamen und so selten, daß es z. B. in der Schweiz in keiner öffentlichen Bibliothek vollständig vorhanden ist. Die Bände wurden herausgegeben von den beiden Botanikern Constantin Freiherr von Ettingshausen und Alois Pokorny und gedruckt in der k. k. Hof- und Staatsdruckerei in Wien. Sie tragen den Titel *Physiotypia plantarum austriacarum. Die Gefäßpflanzen Österreichs in Naturselbstdruck.* Gewidmet sind sie Seiner Kaiserlich-königlich apostolischen Majestät Franz Joseph I.

Das hier angewandte Verfahren wurde um 1850 entwickelt vom damaligen Direktor der k. k. Hof- und Staatsdruckerei, Alois Auer Ritter von Welsbach (1813–1869), einer genialischen, schillernden Figur. Zur Seite stand ihm der Faktor Andreas Worring. 1853 erschienen die ersten, in den 90er Jahren die letzten Resultate dieses Reproduktionsverfahrens.

Pflanzen oder andere geeignete Gegenstände wurden zwischen eine polierte Stahl- und eine Bleiplatte gelegt und die Platten zwischen den Walzen einer Kupferdruckpresse durchgezogen. Im weichen Blei hinterläßt der Gegenstand einen Eindruck, der auch die allerfeinsten Details wiedergibt. (Die oben erwähnte *Physiotypia* erwähnt denn auch im Untertitel: *mit besonderer Berücksichtigung der Nervation in den Flächenorganen der Pflanzen.*) Von der Bleiplatte konnte man auf galvanischem Weg eine positive (erhabene) und davon eine negative (vertiefte) Kupferplatte herstellen. Von dieser wurde dann im Tiefdruckverfahren gedruckt, wobei oft von Hand korrigiert oder sonstwie eingegriffen werden mußte.

Vor Jahren fanden sich in einem Estrich in der Innenstadt von St. Gallen alle zehn Bände. Es fehlen nur ganz wenige Blätter.

约斯特·霍胡利（Jost Hochuli）、
罗宾·金罗斯（Robin Kinross），
《设计书籍：实践与理论》
（*Designing Books: Practice and Theory*），
Hyphen 出版社，
1996 年，17.2 cm×25.5 cm

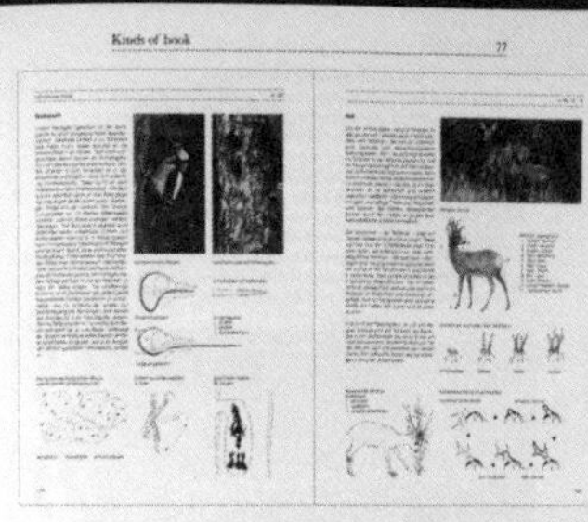

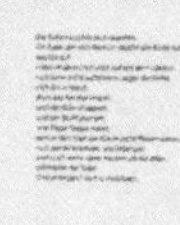

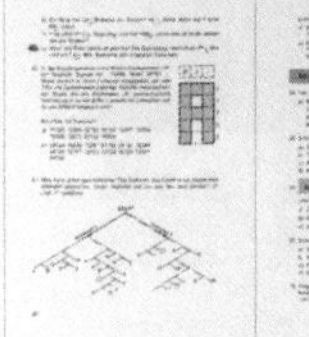

Symmetry, asymmetry and kinetics

When opened, a book shows mirror symmetry. Its axis is the spine, around which the pages are turned. Thus any typographic approach, including an asymmetric one, has always to take account of the symmetry that is inherent in the physical object of a book. The axis of symmetry of the spine is always there; one can certainly work over it, but not deny it. In this respect book typography is essentially different from the typography of single sheets, as in business printing, posters, and so on.

The axis of symmetry is the first important 'given', to which the book designer has to pay attention. The second is the kinetic element that is typical of books: the sense of movement and development, which comes with the turning of the pages.

From a design point of view it is not the single page that is important, but rather the double-page spread: two pages joined together into a unity by the axis of symmetry. The movement of the double-pages, turned over one after another, forces us however to conclude that it is not these double-pages but their totality that should be understood as the final *typographic* unity. (Though this is just one part of the book. These things also contribute to the overall impression that it presents: thickness—the bulk and extent—in relation to the size and proportions of the page, the materials and the manner in which it is bound.)

The succession of double-pages includes the dimension of time. So the job of the book designer is in the widest sense a space-time problem.

恩斯特·齐格勒（Ernst Ziegler），
《1611年圣加仑市的伟大使命》
（*Das Große Mandat der Stadt St. Gallen von 1611*），
圣加仑，VGS联合出版社，
1983年，18 cm × 24.5 cm

Von goldenem Geschmeid

Die Reichsstadt und Republik St.Gallen

Die seit 1524 evangelische Reichsstadt St.Gallen gehörte einerseits bis 1798 zu jenen Miniatur- oder Zwergstaaten des Deutschen Reiches, die zwar mehr als ‹zwölf Untertanen, einen Juden und etliche Schafherden hatten›, bei welcher man jedoch auch, wie in vielen anderen Reichsstädtchen, ‹von einem Tor zum andern hinaussah›.[1]

Andererseits war die reiche Stadtrepublik, in welcher seit alten Zeiten Gewerbe und Handel blühten, seit 1454 ein Zugewandter Ort der Eidgenossenschaft.[2]

Diese Doppelstellung der Stadt, Glied des Deutschen Reiches und Zugewandter Ort der Eidgenossenschaft, wird zum einen sichtbar in verschiedenen Wappendarstellungen, wie beispielsweise im 1673 erneuerten Stadtsatzungsbuch, wo über zwei Stadtbären Reichsadler und Kaiserkrone stehen. Daß man zum andern in St.Gallen eidgenössisch dachte, beweist u.a. das Große Mandat von 1611.

Die Doppelstellung war für unsere Stadt aus wirtschaftlichen und politischen Gründen wichtig und wohl gar notwendig: Sie brachte für den Handel, besonders den Leinwandhandel, die nötigen Privilegien (z.B. durch die Eigenossen mit den französischen Königen), Sicherheiten, Absatzgebiete (durch das Reich bis nach Polen) usw. und sicherte ihr die Unabhängigkeit, indem man sich vor den Eidgenossen auf das Reich und vor dem Kaiser auf die Eidgenossen berufen konnte …

Schweizerdolche

Zwar wurden damals neben den köstlichen Stoffen auch alle anderen kostspieligen Ausschmückungen des Bürgers verboten: Vergoldete Sporen und Stegreife, vergoldete und aus noch kostbarerem Metall gefertigte Kreuze, Knöpfe und Kolben an Waffen und Dolchen sowie ganz samtene Scheiden, vergoldete Gür-

Schweizerdolch mit Goldbronzescheide, 1539; darauf ist die Apfelschußszene mit Wilhelm Tell, Geßler und dem Knaben abgebildet.

tel und Messerscheiden, ‹Nadelbendlin oder Meüßlin, vergüldte Taschenbschlecht unnd Seckelzierden› durften fortan nur noch jene tragen, welchen ‹ein guldin Ketten› vermöge ihres Ansehens zu tragen erlaubt war.[3]

Es wurde aber ausdrücklich nicht verboten, die mit Silber beschlagenen Waffen und Dolche, ‹auch vergülte Schweitzerdolche, wie die bißhar nach eidtgnoßischem Brauch gemacht unnd getragen worden›, als eine eidgenössische Tracht zu tragen. Man erwartete jedoch vom St.Galler, daß hierin eine ‹Bescheidenheit und Erbarkeit gebraucht unnd auß der Maaß kein Unmaaß gemacht werde›.

(Daß man übrigens damals auf das Althergebrachte viel hielt, beweist folgender Passus: Eine seit langem in St.Gallen geübte Mode oder Technik war das ‹Seyden nähen auff allerley leininem Zeug›. Dieses zu pflegen war

31 *Von goldenem Geschmeid*

Das Große Mandat der Stadt St. Gallen von 1611

Obrigkeitliche Vorschriften über Kirchenbesuch, Essen und Trinken, Kleider, Schmuck, Verlobung und Hochzeit.

Mit einer vollständigen Wiedergabe des Mandats in Originalgröße und einem Kommentar von

Stadtarchivar Ernst Ziegler

ders, seyen gesammelt und zubereitet worden, hum., die Gebeine eines hier gerichteten Verbrech körperliche Schönheit und Größe von jedermann und das Gerippe des Hundes die Überbleibsel se seyen, der seinen Herrn nicht verlassen wollte un te vor Schmerz über desselben Tod und vor Hun fand, weil er sich von dieser Stelle, wo sein Meist fernen wollte, gehört zu den Sagen, für die ich ni ich kein Datum anzugeben weiß, das für die Gew dote bürge.›

Im Verlauf der Generationen bis zu Beginn d wurde die Bibliothek wiederholt durch Schenku aus der begüterten Gelehrtenfamilie Schobinger b durch ein Legat des Bürgermeisters Dr. Sebasti gelangte auf diesem Weg auch zu Manuskripten großen Vadianischen Briefsammlung. Den ‹Dege ten Herrn Burgermeisters Joachim von Watt, so e die Universität genommen› schenkte in der Mi derts Bürgermeister Christoph Wegelin, währen Kaspar Bernet das eben erscheinende Helvetisch chers Johann Jakob Leu in den Fortsetzungsbänd schließlich David Schlumpf, ehemals Syndic c Kaufleute zu Lyon, der Bibliothek gar zu Diderc ‹Grande Encyclopédie› in 33 Foliobänden verha Bände des Donatorenbuches, von 1605 bis 1803, disch, sondern vor allem sammlungs- und buchge che Quelle. Sie sind bis 1849 in zwei bescheiden setzt worden und bezeugen die Verbundenheit d ihrer Bibliothek.

1703,

als Ratsherr und Säckelmeister Andreas Wegelin Camerarius Georg Wegelin von der geistlichen C thek vorstanden, da bewog sie der unermüdliche Johann Jakob Scherrer, ein Collegium Bibliothe Aufseher der städtischen Artillerie und Adjunkt te der wackere Pfarrherr im Kreuzkrieg 1697 sei im Granatwerfen unterwiesen. Mit ebensoviel ser Umsicht versah er Registrierarbeiten auf der unter anderem das bürgerliche Familienregister Sangallensis verdankt. Nun rief er, zusammen m

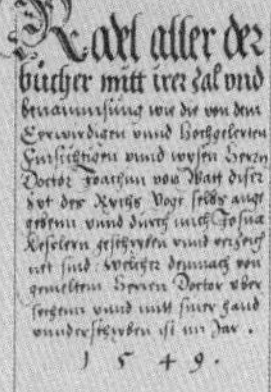

彼得 · 韦格林（Peter Wegelin），

《来自瓦迪亚纳圣加仑的文字和图片珍品》，

（*Kostbarkeiten aus der Vadiana St. Gallen*）

圣加仑，VGS联合出版社，

1987年，18 cm × 24.5 cm

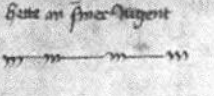

Links: Historienbibel, fol. 41v / 42r und 54v / 55r. Ms 343d (38,2 x 27).

Oben: Stundenbuch, fol. 40r. Ms 327 (Originalgröße).

Seite 46: Stundenbuch, fol. 40v. Ms 327 (Originalgröße).

Seite 47: Historienbibel, fol. 40r. Ms 343d (38,2 x 27).

Seiten 48 / 49: Livius, Historia Romana 3, fol. 54v / 55r. Ms 308 (36,5 x 25,1).

eine Initiale in Farbe und Gold übergreift vier oder auch neun Zeilen, und ihr geht, mit roter Tinte geschrieben, ein Incipit voraus. Indessen bleibt auch solcher Schmuck im Dienste des Lesens, kennzeichnet den Übergang vom einen zum andern Kapitel. Eine reich ausgestattete Randverzierung am Fuß der Eingangsseite jedes Bandes umkränzt ein Wappenschild, wohl Zeichen des Auftraggebers.Die Schlußzeilen am Ende des Bandes nennen Schreiber und Jahr: 1442, einmal 1443.

Ähnlich die Historienbibel: ein Doppelwappen im ersten der beiden Bände auf Blatt 6 verso, von einem Engel gehalten, bezeichnet das Empfängerpaar Heinrich Ehinger, Säckelmeister zu Konstanz (gestorben 1479), und sein Eheweib Margarete von Cappel. Überdies nennt Blatt 106 recto Hans Ott als Künstler. Er gehörte zur elsäßischen Werkstatt des Diebolt Lauber zu Hagenau. Der zweite Band mit den Historien des Neuen Testaments berichtet aus dem Marienleben nach der Dichtung von Bruder Philipp aus dem Kartäuserkloster Seitz in der Steiermark. Zutraulich, unmittelbar spricht das Buch den Betrachter an, weckt sein Mitempfinden. Es wählt gern biblische Szenen, die als Sensationsbericht wirken und läßt mit ansehen, wie die grausame Soldateska des Herodes das Blutbad unter den Kindlein von Bethlehem anrichtet, zeigt händeringend die schreienden Mütter. In den Legenden des Marienlebens weiß herzhafte Fabulierfreude auch zartere Gefühle anzusprechen: ‹Also Jhesus sin mů̊tter drucken durch

理查德·巴茨（Richard Butz），
《我的圣加仑》（*Mein St. Gallen*），
圣加仑，VGS联合出版社，
1994年，15 cm×24 cm

VIII 115

Schwieriges St.Gallen – Leiden an der Stadt

Ich leide an dieser Stadt, doch längst nicht mehr in dem Ausmaß wie vor 30 Jahren. Mit diesem Hadern stehe ich nicht allein und wurde sicher von einem übertroffen, Niklaus Meienberg. Wir waren knapp drei Jahre auseinander, gingen in die gleiche katholische St.Galler Schule. Und genauso wie er litt ich unter dem damaligen Rektor und unter dem Mief, den Prügelstrafen und der sexuellen Repression.

Überhaupt war es kein Schleck, im St.Gallen der fünfziger Jahre aufzuwachsen, wenn einem die Enge nicht zur Vertrautheit werden konnte. Perspektiven schien es wenige zu geben, es blieben einzig Träume.

Für mich hieß der Ausweg: weggehen, ins freiwillige Exil. So nannte ich es, in etwas hochgestochener Anlehnung an die wirkliche Emigration und deren Tragik. Jedenfalls faßte ich den festen Vorsatz, nie wieder nach St.Gallen zurückzukehren. Nie wieder! Die dann doch erfolgte Rückkehr empfand ich lange als Niederlage und nicht als Heimkehr. Mittlerweile ist St.Gallen nicht mehr das Nest meiner Jugend, es ist nicht länger finsterste Provinz. Oder anders gesagt: Provinz ist überall, kann überall sein, selbst in den sogenannten Metropolen. ‹Provinz›, sagt Kreativitätsforscher Gottlieb Guntern, ‹ist eine Region des Geistes, nicht der Geographie.› Für diese Veränderung hat auch die rasante Entwicklung der Kommunikation gesorgt. Ihre immer vielfältiger werdenden Möglichkeiten und Angebote verschaffen An- und Aufschlüsse. Selber schuld, wer jetzt noch hinterwäldlerisch sein will. Diese Überlegungen sind weder neu noch besonders originell (zudem, je nach Standort, auch angreifbar), machen für mich aber eines deutlich: Das St.Galler Klima hat sich verändert, es gibt weniger Duckmäusertum, es existiert eine Szene, eine Subkultur, und an die Stelle der bewußten Auswanderung (intellektueller Brain-Drain!) ist das Reisen auf Zeit getreten. So gesehen wäre ich nicht ungern noch einmal jung in St.Gallen.

Nicht nur Meienberg hat sein Leiden an St.Gallen schriftlich kundig gemacht. Auch der spätere Radioreporter Felice A. Vitali kann wenig Erfreuliches berichten, die Dichterin Elisabeth Gerter zeichnet ein düsteres Bild aus der Stickereizeit, und der tragische Dichter Joseph Kopf spricht noch 1974 von einer aus seiner Sicht kulturell fast ‹erloschenen Landschaft›. Im gleichen Jahr nennt Karl Schölly die Stadt den ‹kulturell hölzigsten Boden›, und August E. Hohler, Publizist und Psychologe, erlebte die Stadt seiner Jugend als einen Alptraum. Aber auch er kann 1982, als er seine Jugenderinnerungen in der Kellerbühne vorstellte, eine deutliche Aufhellung feststellen. Eine Meinung, die Andreas Niedermann nur sieben Jahre später überhaupt nicht teilen mag. Eine ‹sommerliche Horrorvision› nennt er die Stadt, in der er den Hauptdarsteller seines Romans *Stern* agieren läßt.

Andere formulieren ihr Unbehagen an der ‹Arschfalte› (Niedermann) weniger deftig, versuchen es zu versachlichen oder politisch zu unterdie häufigste Abnormität zu sein. Das Weibliche liegt doch sehr nahe…

Mit herzlichsten Grüßen an Sie und höflichster Empfehlung an Ihre Frau Gemahlin verbleibe ich Ihr sehr ergebener Jung

[Kaserne, St.Gallen, (bis 31.X.1911)] 17.X.1911

Lieber Herr Professor!

Im übrigen bin ich etwas vom großen Weltgetriebe abgeschnitten, höre und sehe nicht zuviel. Die Abende sind notgedrungenerweise der Geselligkeit gewidmet. Auch wollen mich hier in St.Gallen einige Leute sehen, mit denen ich sonst nichts zu tun habe.

Hoffentlich geht es Ihrem Schnupfen schon längst wieder besser.

Mit vielen herzlichen Grüßen Ihr ganz ergebener Jung

[Poststempel: St.Gallen] 30.X.1911

Lieber Herr Professor!

Ich kann mich nur ganz in der Eile noch entschuldigen, daß ich nicht imstande war, Ihren letzten Brief zu beantworten. Der Dienst hat mich in den letzten zehn Tagen ganz aufgefressen. Ich wurde nämlich plötzlich zu einer Gebirgsübung in weltfernen Gegenden abkommandiert und war dort ganz außer Kontakt mit der übrigen Menschheit. Morgen früh kehre ich nach Zürich zurück. Hier werde ich zu meiner großen Überraschung durch Oberleutnant Binswanger S. Ψa ersetzt. Er läßt Sie bestens grüßen. Wenn ich wieder aus den Gewalttätigkeiten des kriegerischen Lebens heraus bin, werde ich Ihnen einen vernünftigen Brief schreiben. Hier kann man nichts denken.

Mit vielen herzlichen Grüßen Ihr Jung

Sigmund Freud – C. G. Jung, aus ‹1911›, in: *Briefwechsel*, 1974.
Oberleutnant [Ludwig] Binswanger S.Ψa (d.h. Societas Psychoanalytica, nach S.J., Societas Jesu, gebildet).

Heinrich Federer – Genfer der Ostschweiz

Ja, dieses Weichbild an der Steinach, diese merkwürdige Stadt St.Gallen! Wenn ich bedenke, daß sie nicht wie Basel oder Zürich an einer breiten Wasserstraße, nicht wie Chur oder Bern als strategischer Posten, sondern vielmehr aus Weltflucht und Eremitenlust entstand, in einem engen, fast abgeriegelten Hochtal, dann wird mein Staunen groß. Für ein Kloster, eine Einsamkeitssiedelei hätte der Platz gepaßt; das erkannte der hellsichtige Blick des irischen Glaubensboten Gallus. Da gab es noch Bären und Wölfe und Steinadler. Aber was muß das nun für ein tapferer Menschenschlag gewesen sein, der alle Geographie besiegte und aus der Klausnerei eine rührige Handelsstadt schuf, die mit England und Amerika sozusagen

Zwischen Hippokrates und Tarmed

Sieben Generationen lokaler Medizingeschichte im Ärzteverein der Stadt St.Gallen 1832–2007

von Josef Osterwalder

erschienen in der VGS Verlagsgemeinschaft St.Gallen im Herbst 2008

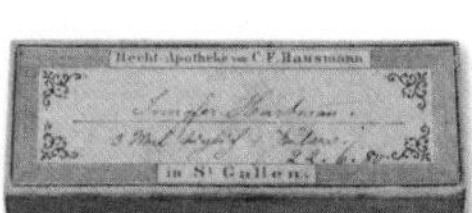

Mit seinen 175 Jahren gehört der Ärzteverein der Stadt St.Gallen zu den ältesten, zeitweise auch zu den einflussreichsten Vereinen. Die Zahl der Mitglieder ist durch die Jahrzehnte stetig gewachsen und hat heute ihren höchsten Stand erreicht. Die Geschichte des Vereins wird als eine Abfolge von sieben Generationen behandelt, denen je ein Kapitel gewidmet ist. Die Vereinsgeschichte erscheint nicht als eine kontinuierliche Entwicklung, sondern als eine Abfolge von Gegensätzen, was ein facett[illegible]hes, farbiges Bild ergibt.

约瑟夫·奥斯特瓦德（Josef Osterwalder），
《在希波克拉底和塔米德之间》（*Zwischen Hippokrates und Tarmed*），
圣加仑，VGS联合出版社，2008年，17.5cm×24cm

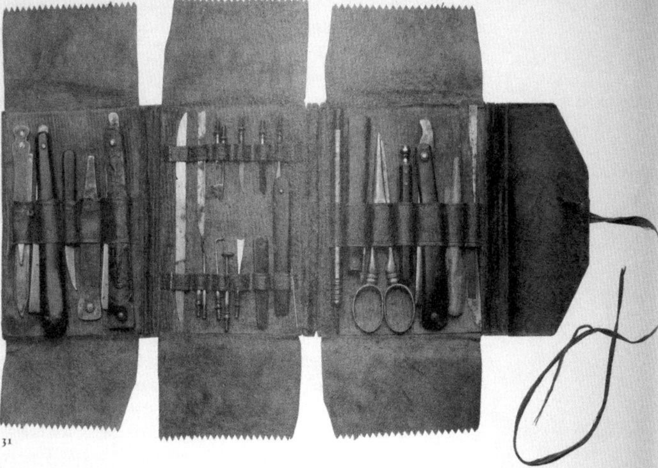

31

bereits Zentrum eines verzweigten Unternehmens, das sich mit verschiedenen medizinischen Innovationen profilierte, vom pharmazeutischen Präparat über künstliche Glieder bis zum Operationstisch.[8]

Hängebusen, Zirkuszwerg, Lesezimmer

Bei den Vortragsthemen scheint der Phantasie im Übrigen keine Grenzen gesetzt. Man diskutiert nicht nur über die Wirkung von Chinin, die Vorzüge von Sauerstoffinhalation, den Schimmelpilz in der Lunge, sondern macht sich auch Gedanken über Hängebusen. Selbst die akute Fettleber einer Straßburger Gans schafft es auf die Traktandenliste. Genauso wie ‹die neue Packung des Schweizer Infanteristen und der neue Zwieback›.

1901 beschäftigt ein ‹auch medizinisch interessantes Jahrmarktschaustück› den Verein. Es handelt sich um einen 21jährigen Ungarn, ‹mit kleinem, von der Seite zusammengedrücktem Kopfe und prominenter Nase›. Den Ärzten fällt seine Kleinheit von 112 Zentimetern auf, sein geringes Gewicht von 14,5 Kilogramm, aber auch die normale Proportion der Glieder zueinander. Sie stellen fest, dass seine geistigen Fähigkeiten ordentlich entwickelt seien, dass er sich an-

8 Rihner, Fred: *Heinrich Stamm-Hausmann zum 80. Geburtstag.*

1890 Knud Faber legt erste Ergebnisse zur Wirkungsweise der Tetanustoxine vor. Emil von Behring und Shibasaburo Kitasato belegen in Tierversuchen die Neubildung von Antitoxinen. Beginn der serumtherapeutischen Ära.

1891 Beschreibung des Tuberkulins, von dem man eine wachstumshemmende Wirkung auf Tuberkelbazillen erwartet. Doch die Wirkung wird überschätzt. Eröffnung des Instituts für Infektionskrankheiten in Berlin; Gründungsdirektor Robert Koch. Erster Einsatz des

32

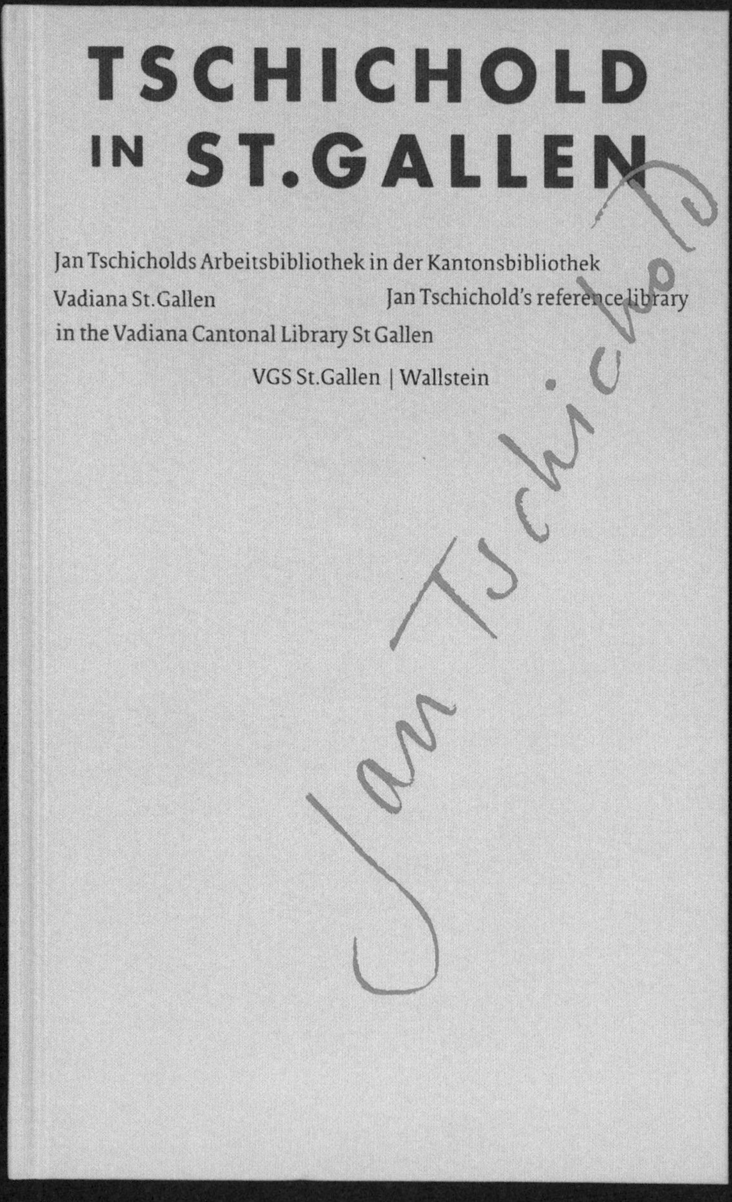

TSCHICHOLD IN ST.GALLEN

Jan Tschicholds Arbeitsbibliothek in der Kantonsbibliothek Vadiana St.Gallen

Jan Tschichold's reference library in the Vadiana Cantonal Library St Gallen

VGS St.Gallen | Wallstein

约斯特·霍胡利（Jost Hochuli），
《奇肖尔德在圣加仑》（*Tschichold in St. Gallen*），
圣加仑，VGS联合出版社，2016年，14.8cm×25cm

Die beiden Umschläge haben das gleiche Format (12,4 × 18,4 cm). Wenn der f
reproduziert worden wäre wie der von Tschichold, hätte er diesen visuell ersc

The two covers are the same size (12.4 × 18.4 cm). If the earlier cover were repro
size as Tschichold's it would overhelm it visually.

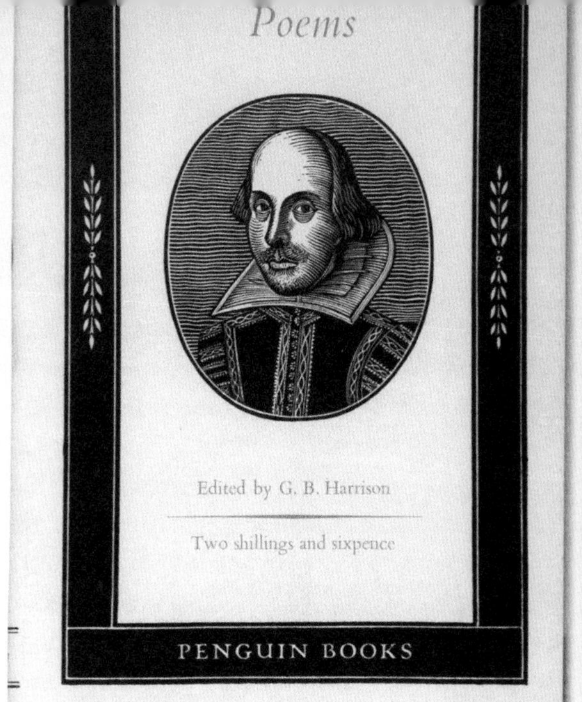

Vorher und nachher – es braucht nicht das Auge eines Typografen, um die Unterschiede zu sehen: ein Umschlag der Reihe Penguin-Shakespeare vor Tschichold (links) und einer, der nach seinen Angaben gestaltet worden ist.

Die Doppelseite 4/5 der Publikation Eric Maclagan: *The Bayeux tapestry* in der Reihe The King Penguin Books zeigt, wie Tschichold die typografischen Details pflegte: Der Satzspiegel ist gegenüber der früheren Ausgabe (oben) überzeugend in die Seite gestellt, die Randverhältnisse wirken harmonisch, der Schriftgrad ist zwar etwas kleiner, bei gleichem Zeilenabstand ist die Zeilenhaltigkeit aber besser und das Ganze dadurch einladender, leserlicher. Und erst die Seite 4, die so oft vernachlässigt wird! Die gute Typografin, den guten Typografen erkennt man an der Behandlung solcher und ähnlicher scheinbarer Nebensächlichkeiten.

Before and after – it doesn't take a typographer's eye to see the difference: a cover from the Penguin Shakespeare series before Tschichold (left) and one designed according to his instructions.

The double-page spread 4/5 from Eric Maclagan *The Bayeux tapestry* in the King Penguin series shows the care Tschichold took over typographic details: compared to the previous edition (above), the type area is now placed appropriately, with harmonious margins; the type size is somewhat smaller, but with the same leading it holds the line better, making the whole more readable and more inviting. And then there's page 4, which is so often neglected. Good typographers reveal themselves by the way they handle such apparent trivialities.

SGZB SL 1 80 473 / 80 467 / 80 428 / 89 429

LES

CARACTÈRES & VIGNETTES
renouvelés du XVIIIe Siècle.

On les trouve A PARIS,
Chez G. PEIGNOT & FILS, Graveurs & Fondeurs,
14, rue Cabanis.

DÉPOSÉ.

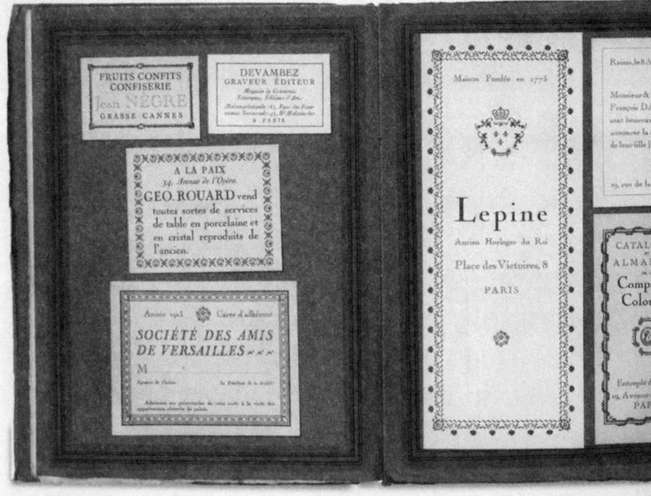

Titelseite und eine Doppelseite mit eingeklebten Kleindrucksachen (‹Bilboquets›) als Satzmuster, erschienen 1914 im Musterbuch *Les Cochins, caractères &-vignettes renouvelés du XVIII siècle* bei G. Peignot et fils, Schriftgießerei in Paris. Format 19 x 24,5 cm.

Titlepage and double-page spread with pasted-in ornaments, as a trial setting; type specimen *Les Cochins, caractères &-vignettes renouvelés du XVIII siècle* published by G. Peignot et Fils, typefounders in Paris in 1914. Format 19 x 24.5 cm.

‹Die unsymmetrische Satzweise›

In Tschicholds Autobiografie, die unter dem Pseudonym Reminiscor (‹ich erinnere mich›) zu seinem 70. Geburtstag in den
Reminiscor 1972: 308 *Typographischen Monatsblättern, TM*, erschien, schrieb er: ‹Seit
ungefähr 1938 hatte sich Tschichold ganz der Buchtypographie
verschrieben, die sein Haupt- und Lieblingsgebiet geworden
war. Er überließ die unsymmetrische Anordnungsweise der
Werbetypographie und setzte fortan fast alles, ja wirklich alles,
auf Mitte. Er hatte erkannt, dass eine gereinigte, doch traditio-
nelle Anordnung der vernünftigste und beste Weg für viele Aufgaben ist. Dieser nur scheinbare Wandel seiner Meinungen
trug ihm die Feindschaft derjenigen ein, die ihm auf diesem
Weg nicht folgen mochten oder konnten, weil sie sich sozusagen nie mit der Typographie des Buches auseinandergesetzt
hatten.›

Diese Aussage stimmt in ihrer Ausschließlichkeit so nicht.
1954 hatte er für die Kunsthalle Bern einen 28-seitigen Katalog
Huggler 1954 zu einer Ausstellung von Sophie Taeuber-Arp gestaltet, in feiner
asymmetrischer Anordnung. Auch die Sondernummer der *TM*
Tschichold 1970: 3 über El Lissitzky vom Dezember 1970 und ebenso das erwähnte
Reminiscor 1972: 289 Heft zu seinem 70. Geburtstag waren asymmetrisch angelegt.

1935 war bei Benno Schwabe in Basel sein Werk *Typographi-*
Tschichold 1935 *sche Gestaltung* erschienen. Obwohl der Autor in diesem Buch
den Begriff ‹neue Typographie› verwendet, atmet es doch einen
anderen Geist als das von ihm 1928 publizierte Werk mit dem
gleichen Titel. Das Basler Buch muss schon bei der Vorankündi-
Tschichold 1928 gung erfolgreich gewesen sein. Tschichold selbst schreibt in
der erwähnten Autobiografie: ‹Die Subskription erreichte, zum
Reminiscor 1972: 306 größten Erstaunen des Verlags, 1000 Vorbestellungen […].› In
Max Caflischs Erinnerungen an sein Vorbild Jan Tschichold, die
Caflisch 2004: 9 2004 erschienen sind, erzählt er, wie sehr ihn dieses Buch – er
war damals noch Schriftsetzerlehrling – beeindruckt und be-
einflusst habe.

Nach dem Zweiten Weltkrieg und in der hohen Zeit der
‹Swiss Typography›, von den Fünfziger- bis in die Siebzigerjahre,
wurde das Buch von den tonangebenden Schweizer Typografen
nicht besonders geschätzt. Man empfand es inhaltlich und for-
mal als einen Zwitter: nicht modern (oder, im damaligen
Sprachgebrauch, nicht ‹zeitgemäß›) und nicht klassisch. Man
Tschichold 1967 wunderte sich denn auch, dass es 1967 in englischer Sprache
erschien, in einem typografisch völlig anderen Umfeld.

Hochuli 2015: 67 In der Publikation *Tschicholds Faszikel* wird unter der Faszi-
SGZB SL 1 Z 171 kel-Nr. 171 das ‹ausgebundene› Buch *Typographische Gestaltung*

托尼·博尔金（Toni Bürgin），
《像羽毛一样轻盈，像羽绒一样柔软》（*Federleicht und daunenweich*），
圣加仑，VGS联合出版社，瑞士东部系列第7册，
2006年，14.8 cm×23.5 cm

alten bei der Gefiederpflege ist das so ge-
n. Dabei wird zwischen aktivem und pas-
unterschieden: Beim ersteren packt der
piel eine Drossel, mit dem Schnabel eine
t sie durchs Gefieder. Bei letzterem setzt
zum Beispiel ein Eichelhäher, mit ausge-
n in einen Ameisenhaufen. In beiden Fäl-
aufgebrachten Insekten Ameisensäure
nd töten so Gefiederparasiten ab.

chnepfe –
d einzeln ge-
bt. Eingefügt
e aber eine

hervorragende Tarnung für einen Vogel, der sich häufig am Waldboden aufhält.

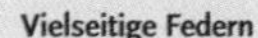

Vielseitige Federn

Federn gehören zum Vogel, wie die Haare zum Säugetier, obwohl es bei letzteren doch ein paar Ausnahmen gibt, denn Wale und Delfine sind haarlos! Federn dienen aber dem Vogel längst nicht nur zum Fliegen, sondern übernehmen eine erstaunliche Fülle von Funktionen.

Mehr als ein Dutzend verschiedene Aufgaben konnten bis heute unterschieden werden. Zu den wichtigsten zählen dabei der Wärmeschutz, das Fliegen, das Auffallen und das Tarnen.

Wärmeisolation

Vögel sind wie die Säugetiere eigenwarme Tiere, was bedeutet, dass ihre Körpertemperatur größtenteils unabhängig von der Umgebungstemperatur ist. Mit 40 bis 41°C liegt diese bei ihnen um einiges höher als bei den Säugern; bei uns würde mit dieser Temperatur bereits hochgradiges Fieber diagnostiziert! Die hohe Körpertemperatur hängt mit einem entsprechend aktiven Stoffwechsel zusammen, der im Hinblick auf das energieaufwändige Fliegen eine Grundvoraussetzung ist. Der Nachteil der hohen Körpertemperatur ist, dass der Körper diese Wärme ohne gute Isolation rasch an die Umgebung verlieren würde. Hier liegt denn auch eine der Hauptfunktionen des Gefieders: Ein dichtes Kleid aus flauschigen Daunenfedern und konturgebenden Deckfedern schützt vor dem Auskühlen. Wo dieses gleich nach dem Schlüpfen nicht vorhanden ist, etwa bei Tauben und vielen Singvögeln, übernehmen die Eltern diese Funktion und verstecken die noch nackten Jungvögel unter ihrem schützenden Gefieder.

Auch bei den erwachsenen Vögeln sind es in erster Linie Daunenfedern, die für eine gut isolierende Luftschicht zwischen Haut und Deckfedern sorgen. Bei gewissen Arten, wie etwa den Schneehühnern – *Lagopus* sp., sind zudem Teile der Füße mit kleinen Federchen vor Kälte geschützt. Das extremste Beispiel sind die Kaiserpinguine in der Antarktis, welche Temperaturen von –70°C nicht nur trotzen können, sondern im bissig kalten Winter sogar brüten und ihren Nachwuchs aufziehen. Beim Nestbau werden Federn häufig als Isoliermaterial verwendet, was viele Entenvögel meisterhaft beherrschen. Speziell hierbei zu erwähnen sind die Nester der Eiderenten, welche nahezu ausschließlich aus besonders feinen Daunenfedern gebaut werden. (Abb. 7)

Das kleine, steife Federchen am Vorderrand der äußersten Handschwinge wird als Malerfeder bezeichnet.

弗朗茨·蔡尔（Franz Zeier），
《书与书籍封面》（*Buch und Bucheinband*），
圣加仑，VGS联合出版社，
1995年，20 cm × 30 cm

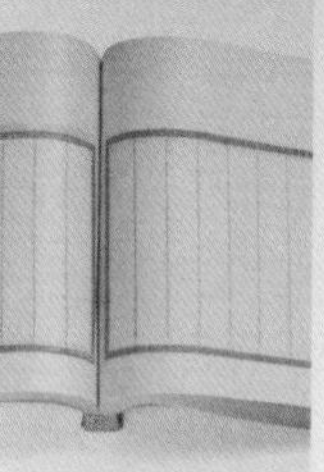

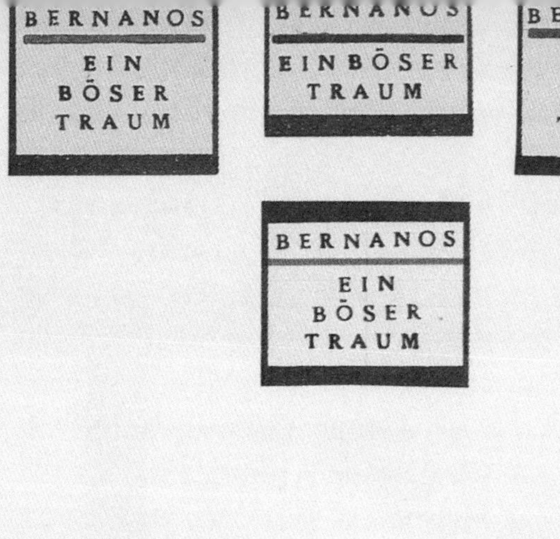

ine
oder
ens
t
zu
ie er
soll.

THACKERAY
DIE GESCHICHTE DES HENRY ESMOND

THACKERAY
DIE GESCHICHTE DES HENRY ESMOND

THACKERAY
DIE GESCHICHTE DES HENRY ESMOND

Pierre Valmigère
Die sieben Töchter des Canigou

Pierr Valmi
Die sie Töch des Canig

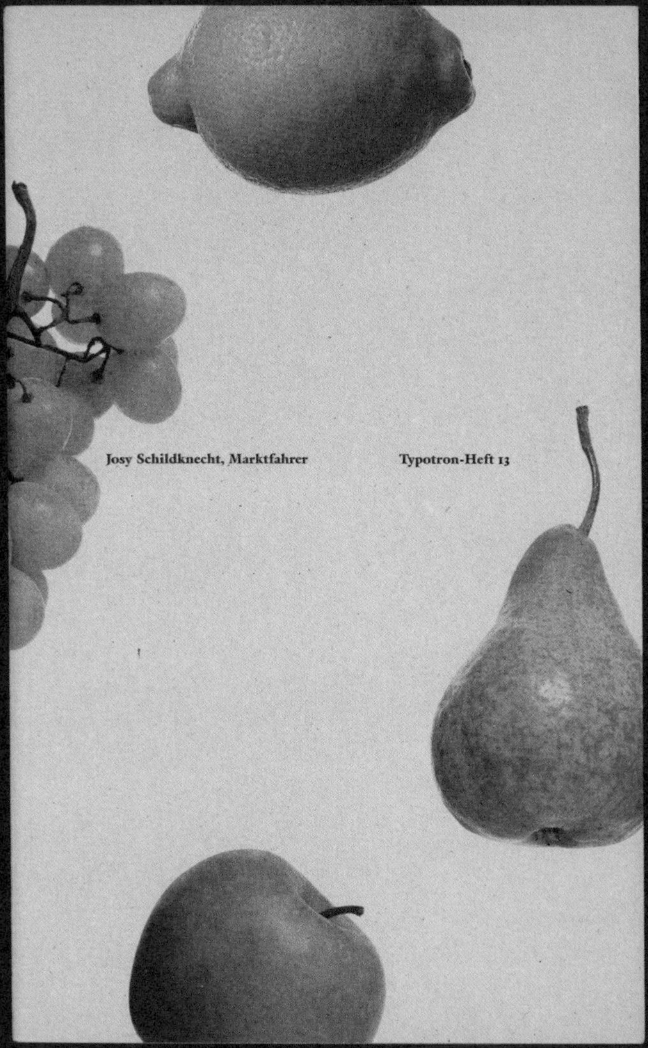

约斯特·霍胡利（Jost Hochuli），
《乔西·施尔德克内特，市场上的骑手》（*Josy Schildknecht, Street Trader*），
圣加仑，VGS联合出版社，Typotron系列第13册，
1995年，15 cm×24 cm